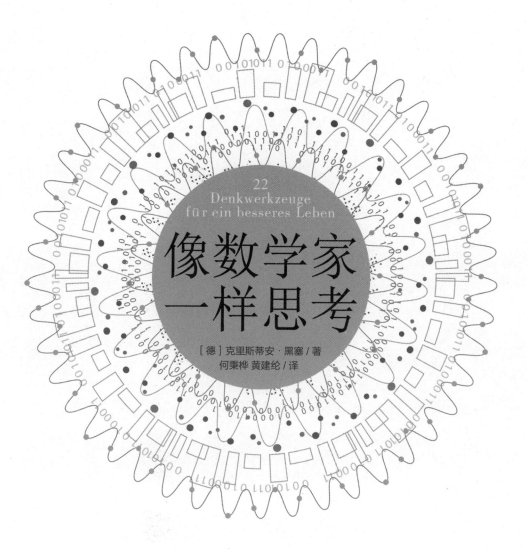

22
Denkwerkzeuge
für ein besseres Leben

像数学家
一样思考

[德]克里斯蒂安·黑塞 / 著

何秉桦 黄建纶 / 译

海南出版社

HAINAN PUBLISHING HOUSE

目录
CONTENTS

- 序   **001**

- **Ⅰ 写在前面**   **001**

- **Ⅱ 思考工具**   **019**

① 模拟原则   020

② 富比尼原理   034

③ 奇偶原理   049

④ 狄利克雷原理   061

⑤ 排容原理   066

⑥ 相反原则   085

⑦ 归纳原则   094

⑧ 一般化原则   106

⑨ 特殊化原则   115

⑩ 变化原则   133

⑪ 不变性原理   143

⑫ 单向变化原则   153

⑬ 无穷递减法则   160

⑭ 对称原理   178

⑮ 极值原理   186

⑯ 递归原理   193

⑰ 步步逼近原则   205

⑱ 着色原理   216

⑲ 随机化原则   230

⑳ 转换观点原则   247

㉑ 模块化原则   254

㉒ 蛮力原则   259

▪ **终曲**   **277**

序
SEQUENCE

　　思考是一种精神活动。在思考过程中，我们获取信息加以消化、理解且进一步掌握、找出问题并寻求解答。特别是要从既有的信息中，找出有助于解题的有用见解。

　　从问题中寻找解答的过程，极为特别又颇具创造性。想得出最后的答案，必须通过循序渐进的理解。思索必须如同知识载体一样，先有概念，接着产生作用，再进一步达到成功的结果。思考运作不能强求而得，但总可借由捷思法，也就是一般人所称的创意的方式，产生更多的概念，提供更多的成功机会。一般公认捷思法为相当有效的思考工具。换句话说，当我们遭遇不知如何解决的问题时，捷思法是最好的导引工具。

　　每一个人都能思考。就像跑步、游泳与跳高，有些人擅长，有些人表现平平，有些人则很差。但是思考就像前述的技能，可借由练习让技巧纯熟，并运用辅助加强。如同游泳选手穿上蛙鞋后能够加速，思考者也可使用思考工具，充分提升解题能力。

　　这就是本书的目标。这本书将介绍 22 个容易理解但极为有效的思考工具。读者们只需具备基础数学知识，即可轻松读懂。这些经过证明的思考技巧形式，可让你思路更加活络，帮助你解决定量问题。

　　思考能造就快乐的感受，每一个灵光乍现都像一次完美的演出，每一个成功的理解都是从大脑皮质绽放出的烟火。

数学是展现思考的最纯粹形式的科学。数学是一种"思想体系"，是从概念中衍生而出的理论。日常生活中到处都找得到数学的踪迹，数学不仅无所不在、随处可用，更是引人入胜，甚至极富美感。近代所有的科技成就都用到了数学，它帮助我们更理解这个宇宙，也是我们能继续存活在宇宙中的不可或缺的要素。此外，数学还拥有许多令人屏息的美丽元素。

本书的目的，是为读者提供至少双重的激励：参与一个使你变得更加聪明的冒险旅程，以及享受解题过程所产生的美感。这本书凭借着引人入胜且分段体验的方式，为读者提供了数学上的阅读、思考以及进一步的深思熟虑。这本书可视为数学与生活最令人惊喜的融合。何不试着挑战一下我们的数学能力，并补足我们的缺陷？

不可避免地，这本书有着作者本人的主观因素。虽说数学是实事求是的，但它不仅是心智活动，同时也是热情所在；不仅是已知事实的总和，同时也是卓越思考的殿堂。我们可以将数学理解为一种叙述性的科学。人们可以轻易地察觉且确认，数学是门特别且内容丰富的学问。尤其是在引人注意的问题陈述、巧妙的策略运用、迷人的数学证明和极为有效的结果论证上更能体认到。这本书也纳入了很多格言、启示、轶事、历史背景，就像同类型的数学书，我们以轻松有趣的原则使内容更加丰富多彩，生动活泼。所以这本书的风格是轻松的，有趣又愉悦的。

* * *

这本书分成两个不同的部分。第一部分是导言，广泛介绍什么是问题、思考以及数学思维。数学家遇到问题时，他们不会马上陷入恐慌，而是大胆果决地着手处理它。对数学家来说，问题的存在是智识生活的一部分。面对问题时，他们也会遇到挫折，但他们却会不断地重新站起来，带着更多的伤口继续处理、面对。这是因为，他们已经受过非常密集的基础训练，加强了挫折承受力以及解题能力。

在第二部分将提出 22 个思考小工具，其中包括了模拟原则、归谬法、穷举法等等。在内容上与问题的难度上，我们做了粗略的区分，针对解题思考法分为基础、进阶、高阶三种类型。

此外，除了有丰富生动的数学思维小故事外，书里还举出了许多例子，让读者们进一步了解思考小工具的实际运用。

写这本书花了很长一段时间，甚至可以说是汇集了超过四分之一世纪的数学研究成果。首次的浓缩内容是在斯图加特大学 2006 年的夏季学期中，针对非数学系学生所开设的课程（课程名称为"与数学的相遇"）的教材。

在此，我要感谢为这本书的出版做出贡献、协助我让这本书更容易理解的所有人。所有的感谢已溢于言表，以下我将提及他们的名字。

伊娜·罗森伯格（Ina Rosenberg）和菲利普·施密特（Philipp Schnizler）参与了手稿的编排与数据的处理。弗拉德·萨苏（Vlad Sasu）完成了绝大多数的插图。

感谢鲍尔曼博士（Dr. Bollmann）对我的手稿进行了非常详细的校正，贝克出版社（C. H. Beck Verlag）对这本书的采纳以及出版过程中愉快的合作经验。

一如惯例，在此我也要诚挚地感谢我的家人：安德烈·罗内尔（Andrea Römmele）、汉纳·黑塞（Hanna Hesse）和雷纳德·黑塞（Lennard Hesse）。如果不是因为他们，就不会有这本书的完成，在此将这本书献给我的家人。

克里斯蒂安·黑塞（Christian Hesse）
于德国曼海姆

I

写在前面

导言

值得注意的事物、数学证明、小细节

我要再思考一下

——爱因斯坦，美国

问题的存在是人类基本生活状态的一环，如果我们试着下定义的话，问题的产生就代表实际状态与期望状态之间的差距。思考的目的，就是要以具体事实、抽象观念、直观想法及概念上的建构为工具，来消弭这种差距。从这个基本特征，我们也将更了解思考的本质。思考是人类重要的核心能力，而普通教育的基本要求就是要学会思考。

会思考的不只有人类，但在同样经过演化而会思考的所有生物当中，人类的思考机制却是最训练有素的。人们借由思考，使得思考本身产生意义。

思考是人类在危难情境下做决策的关键技术。定量分析思考或数学思维可追溯到早期人类，数学可说是最古老的科学之一。数学的起源已埋藏在历史的黑暗迷雾里，但数学的用途却是再清楚不过了：古时候的人就在想办法丈量土地、创建历法、进行贸易，并且试图更了解这个充满各种现象的大千世界。从此，数学思维就发展成一种威力强大的知识工具，让世人能够涉足未曾经历的领域，譬如基本粒子世界或是宇宙深处。此外，数学思维不但遍及几乎所有的学门，从英国文学、气象学、心理学到动物学，还影响了我们的日常生活。数学思维是重要科学技术的关键能力，因此通常在幕后发挥重要的作用，默默影响了许多近代工程学上的成就，像是计算机断层造影、电子货币、电视、移动电话等。就连汽车能跑、飞机能飞、桥梁能承载、暖气能发热，都少不了数学。

在大自然的许多现象里，也看得到数学：借着近距离的观察，我们可以从蜂巢的构造和许多植物叶子的脉络中，发现许多迷人的数学，而在空间与时间的大尺度结构中，也呈现出极为精妙的数学规律。

量化分析思考对现代人有许多方面的协助。不管走到哪儿，我们都会遇上数字、函数、统计数据及其他数学结构。我们可以根据数字做出决策，利用函数呈现出趋势，借由统计来巩固论证。有了数字、函数及一般的数学结构，我们能将世界安排得条理分明，但也能使它变成混淆视听、操纵和欺骗的工具。借由量化思考，我们可以解开这神秘的世界，但如果运用不当，也可能会误入歧途或使他人偏离正道。

哎呀！弗洛伊德

就连精神分析学派创始人弗洛伊德这么聪明的人，也被愚蠢的数字谜题打败了。给他这道谜题的，是柏林的一位耳鼻喉科医生威廉·佛里斯。1897 年弗洛伊德在写给佛里斯医生的信中说："你向我展示了 28 和 23 循环周期的世界奥秘。"佛里斯从他的病人的病历中，仔细分析意外事故、术后并发症与自杀未遂之后，发现疾病的发展过程会有一致的规律。佛里斯推论，每个人的生命都受到特定的周期所制约，这个数字分别为 28（女性周期）和 23（男性周期）。简单说，佛里斯算出，所有的测量值都可写成 23x+28y 的形式（x 与 y 为正整数或负整数）。他还把这个公式应用到各种自然现象上，甚至花了很多年的时间，收集大量的重要数字并制成表格。真是工程浩大。这项发现让佛里斯着迷不已，后来也吸引了弗洛伊德的注意，竟有这么多数字可以写成 23x+28y 的形式。

但佛里斯犯了一个天真的谬误。佛里斯跟弗洛伊德都没有意识到，把 23 和 28 换成任意两个互质的数，都可以得到完全一样的现象。每一个整数都可以表示成任意两个互质数的整数倍之和。这真是悲剧，他们的一切努力只是一场闹剧。佛里斯白白浪费了这些年在他的"理论"上，但它的背后其实只是数学上简单的整数性质。而弗洛伊德的学生，事后也因他们的老师成为这种胡说八道的受害者，感到尴尬。这真是智能上的大误会呀！

数学思考能让人具备抵抗被人操纵及洗脑的能力。反之，则会让人毫无防备地任人摆布，而且失去十分重要的学习机会

事物的本质是，在问题解决之后总是会留下另一个问题。解决问题的想法不能强行而得，但经由启迪式思考的形式，也就是目标导向思考工具的使用，或许可以得到。本书的目标在于：教导读者如何形成有效的思考架构以及以系统性的方式来解决问题。

引人发笑的修辞轶事

教授教学法人气排行榜前三名。并列第三名（极度令人不开心的）："大家得到极快速和极不精准的结果。"N.N. 教授在讲题为"英特尔奔腾处理器编程错误"的课堂上这么说。第三名（快，再快一点）："这个证明也可以很快得出，如果你动作加快的话。"K. H. 教授在高等数学讲座上这么说。第二名（减速）："在黑板上写东西，不是方便你们阅读，而是让我在课堂上的思考速度可以慢下来。"F.B. 教授在数学密码学的课堂上这么说。第一名（简报论）："如果我每秒播放 24 张的画面，这就成了一部电影。"J.W. 教授在一堂数学研讨会的最后，用很快的速度播放许多张 PPT 投影片。

数学使用的语言，是一种精确的、全世界共通的符号语言，诚如托马斯·沃格尔（Thomas Vogel）在《米盖·托雷达席瓦的最后历史》

中写到的："想要了解世界，就必须钻研数学，数学的语言是由数与线组成的，线又构成了圆、三角形、角锥、立方体。没有这种语言，我们将会无助地迷失在错综复杂的黑暗迷宫中，没有光线指引出路，帮助我们脱困。"

就像在现代生活的大部分领域一样，计算机在数学里扮演了重要的角色，但计算机并不是主角，其中的关键仍是理解错综复杂的关联性。计算机可以用来作为辅助工具，但解决问题所需要的智慧却不是人工智能可完成的。

数学知识、公式和方程式，不管放在宇宙任何地方或任何时间都会成立。数学企图建立真理。为此，首先要定出一些明确的概念，以便发展出一套共识。这样的规定称为定义。古希腊数学家欧几里得定义了点、线、直线的概念：

点只有位置，没有长度。

线只有长度，没有宽度。

直线是上头均匀包含了点的线。

这三句话足以让我们理解，欧几里得要拉几下单杠，才能为你我熟悉的事物做出定义。大部分时候有不同方式来精确定义。举例来说，老虎是唯一满身条纹的猫科动物，而人类是唯一没有羽毛的双足动物。这两句描述虽然很不寻常，但从数学的角度来看却是十分充分的。

在日常生活中，在科学、司法判决、政治和运动中持续地采用了各式各样的新证据。一个存在我们的日常生活中的证明是这样的："人们知道，必须要通过眼睛所视、耳朵所听的事才是肯定无疑的，否则，人们可证明关闭这些器官会使得事实有了部分的偏颇。"

在实证科学中，真相是通过观察真相或通过实验所发现的。在体育中，最后的实际情况并不单纯只是由裁判员所判定。在司法判决中，事实是由法官的判决所建立起来的。在我们对法律的理解，有罪判决应是当每一个合理的犯罪行为被证明——排除合理性怀疑（指对优势证据的确定，不能仅凭怀疑就定罪，要有证据）。

就像司法判决一样，数学自有一套关于证明的理念，以及对于真理的判断标准。数学上的证明，就是从那些已经视为真确的公理以及已由公理证明过的其他叙述，来验证某个叙述是否正确。数学家就是这一种人——稍后便能看得更明白——为了证明，有时候把自己的日子搞得比别人更难受。

最有名的公理系统，是欧几里得的几何学所立基的系统。它包含了五个公设，例如任意两点之间都可以做一条直线。又如最有名的平行公设：对于不在直线 g 上的每一点 S，仅有一条通过 S 且与 g 平行的直线。欧几里得就是从这五个公设，建构出他的整个几何学，其中包括三角形的许多性质（譬如勾股定理），以及圆、平行四边形等几何对象的许多性质。真可说是划时代的成就。

为什么我们需要定理？

如果你像我一样有小孩，也许你会对以下的对话感到很熟悉。小朋友会带我们找到答案。

你的孩子会问："为什么我只能喝一杯苹果汁？"

你会回答："因为我们等一下就要吃饭了，我不希望你吃不下饭。"

你的孩子："为什么苹果汁会让我吃不下饭？"

你："因为它会让你的胃变饱，而且里面含了很多糖分。"

你的孩子："为什么我不能吃糖？"

你："因为它会让你口渴，而且对你的牙齿不好。"

你的孩子："为什么糖对我的牙齿不好？"

你："糖会引来细菌，细菌会在你的牙齿上钻孔。"

你的孩子："为什么细菌会在我的牙齿上钻孔？"

到这个时候，你可能已经失去耐性，或许你会问自己，这个对话会不会结束。好问题！从逻辑上讲，这个对话永远不会真正结束。情况就像这样：先随便提出了一个问题，然后在你用"因为"来响应问题之后，又会冒出下一个"为什么"。这样就形成了一个"三难困境"——这是两难困境的衍生版，有三种选择，但都不够好。哲学家称这个特别的形式为"明希豪森三难困境"。这三种选择分别是：

1."提问、回答、提问……"的这个序列，会永无止境地持续下去。这称为没有终点的循环。

2.经过一连串的提问和回答之后，其中一个之前已经回答过的答案会再次出现，然后一直重复这个循环，这叫作循环论证。

3.我们可以诉诸某个不证自明的论断，像主教的发言，或是诉诸更高的权威，例如上帝。

> 很短的循环论证或神迹，"K先生告诉我，上帝跟他说话了"——"我觉得不可能，K先生一定在说谎"——这不可能。神不会跟说谎的人对话！

在数学里，选择了第三个选项。在开始考虑和推导之前，我们会先设定一系列的公设或公理，这些公设或公理要不就是不证自明的，要不就是绝对必要的。

我们来举一个简单的例子：包含了三个公设的地方议会委员会形成系统。

公设1：应该有6个委员会。

公设2：每位议员必须参加3个委员会。

公设 3：每个委员会必须由 4 人组成。

这个情境的模型可由下图来说明：

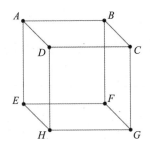

图 1　地方会议里的委员会

图中的顶点代表了 8 个人：A、B、C、D、E、F、G、H。立方体的每个面，各代表一个四人委员会，譬如委员会 $\{A, B, C, D\}$ 或委员会 $\{A, D, E, H\}$。由于立方体有 6 个面，每个顶点又是三个面的交点，所以显然满足了这三个公设。

因此，我们可以找出一个模型，去满足这些公设。这三个公设是兼容的，意思是本身不存在矛盾；当公设选得不好，就有可能会自相矛盾。此外，我们也会对公设的规则感兴趣，这个规则允许我们去证明或推翻与这些委员会有关的每个命题或叙述。如果是这样的话，我们就说这个公理系统是完备的。

现在我们可以试着从这些公设，进一步推导出关于委员会或参与者的其他结论。以下是个简单的衍生性质。

定理：地方议会由 8 个人组成。

证明非常简单：我们把每个委员会里的人数（4）乘上委员会的总数（6），会得到 24。根据公设 2，每人必须参加 3 个委员会，也就是每个人都计算了三次，所以议会里应该有 24 ÷ 3 ＝ 8 位成员。

相对地，由以下两个公理组成的公理系统，就是个不兼容的系统。

公设1：每个委员会由2人组成。

公设2：如果委员会的数目是奇数，委员人数就只有1人。

这两个公理是自相矛盾的，而且很容易证明为什么矛盾。由公设1可知，就算是有奇数个委员会，每个委员会里的人数也必为偶数。我们的论证，可以由以下这个假想的握手例子来说明。"如果有一群人两两互相握手，那么即使每个人握手的次数是奇数，相加后的结果一定是偶数。为什么？假设有 n 个人，而 S_i 代表第 i 个人的握手次数，则方程式 $S_1 + S_2 + \cdots + S_n = 2K$ 一定会成立（其中的 K 为某个自然数），因为两人之间的握手在总次数里都会计算两次。但因为 $2K$ 是偶数，所以次数和 $S_1 + S_2 + \cdots + S_n$ 也是偶数，尽管相加的项数（即参与的总人数）是奇数，相加的结果仍是偶数。"

将"两两握手"换成"一起组成委员会"，同样的结果也可以直接套用。

数学证明可长可短，可能记满数学符号、以图标来表示，或是写成乏味的计算过程。可能是快刀斩乱麻，直指问题核心，或是历经一长串的思路才达到目的地。我们在这本书里，会遇到上述所有的情形。但无论证明的形式为何，重要的是必须要能理解，将它内化为自己的知识宝库。数学问题是民主的。在证明面前，人人平等！

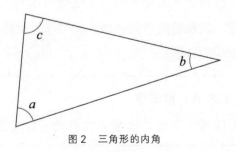

图2　三角形的内角

有个经典的例子，既可以说明单独一个概念的洞察力，同时又能展现数学之美，那就是古希腊人已经知道这件事：三角形的内角和为180度。

意思就是，角 a、b 和 c 加起来必定等于 180 度。对于任何一种形状的三角形，不管是等腰、直角或是锐角三角形，这都是令人惊讶的、非常有秩序的、统一的观点。内角和不是 180 度的几何形状，一定不是三角形，道理就这么简单。

这件事的魅力不仅来自它本身。它的证明虽然是基础数学的程度，但同时又具有深刻的洞察力。过任意三角形的任何一个顶点，画一条与对边平行的直线，通过这个技巧，可以做出两个新的角，跟三角形的另外两个内角一样大。现在，解法就要呼之欲出了。你可以从下图看出端倪，在图中，相同的字母代表相同大小的角。

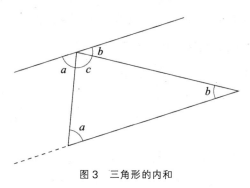

图 3　三角形的内和

因此 $a+b+c$ 一定等于 180 度。这就是证明。

虽然如此，数学却相当两极化。谈论数学这门科学的言词，有时很让人困扰。尽管数学家为世界提供了这些有用的东西，但厌恶数学的人的反感程度，就和追随者的热情一样强烈。反感数学的人一看到数学公式，就浑身不对劲。

美化生活的世界：数学版

你也是这样吗？痛恨与数学公式打交道，甚至看了就讨厌，只要出现公式，第一反应就是想要逃得远远的。

如果是这样，不妨试试以下这个三分钟的练习，这要感谢迈克尔·席勒（Michael Schiller）。这项练习没有坏处，如果它有用，你就会从这本书里获得更多乐趣。毕竟，人生就是要充满乐趣。以下是帮助你愉悦的跟数学公式打交道的诀窍：

1. 首先闭上眼睛，回想一个令你难忘的经验，这个经验能让你感觉到四周充满且流动着积极正向的能量且浑身起鸡皮疙瘩。

2. 打开眼睛一或两秒钟，看看本书

第 262 页或写了许多公式的其他页。

3. 然后闭上眼睛，再回忆一下那个难忘的经验。

4. 把注视公式及回想难忘经验的步骤反复做三次。然后，把思绪拉回现实，再自己测试一次。去看一下第 272 页。现在看到公式，有什么感觉？

不是每个数学证明都牵涉数学符号的运算，有时只要靠一张图和几个概念，或者就像说故事一样。接下来，我们要展示一些不带任何文字的图像式证明，这些证明都在阐释下面这个对所有的自然数 n 都成立的等式：

$$1^3 + 2^3 + 3^3 + \cdots + n^3 = (1 + 2 + 3 + \cdots + n)^2 \qquad (1)$$

毕达哥拉斯和他的门徒常常坐在萨摩斯的沙滩上，玩着被浪冲上岸的石头。他们发现，每当他们累积到 $1^3 + 2^3 + \cdots + n^3$ 颗石头，就能够堆成一个正方形。于是他们就想，这是普遍的现象，或只是巧合。他们想到了几种解释方法，都是不需要任何文字的论证，可以呈现出真理。相较于抽象的公式，这些化为图像的证明一目了然，仿佛一本数学真理图录，就像走秀一般。

不需要文字的证明　第一个

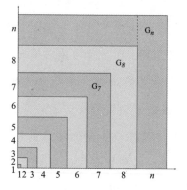

图4　（1）式的视觉化证明

不需要文字的证明　第二个

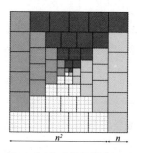

图5　（1）式的视觉化证明

不需要文字的证明　第三个

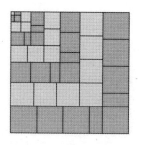

图6　（1）式的视觉化证明

　　我们这个小小汇整的背后理念：所有的例子都在显示，可视化可以让真理变得清楚易懂。这些看起来诗情画意的图像信息，装载着解密的信息。

我们还会为你展示另一个变化：即使我们像下图那样，以立体的图像来呈现，多少还是可以看出（1）式所要表达的概念。这个结构的逻辑不难辨认。

就某方面来说，它是个邮购目录般的、通过实际操作的证明方法，像是在堆积木。乍看之下，很像是"功能决定形式"这个概念的反向思考：

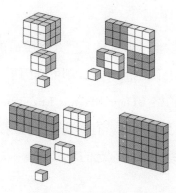

图7 （1）式的视觉化证明

可视化证明就展示到此。

就我们目前为止谈论到的，而且撇开实用性和重要性不谈，定量分析思考可说是非常具有美感的；它是丰富美感的源头，是讲求精确、充满秩序的知识世界。

美景的赞美诗。

当我在解决问题的时候，我不会想到美。但当我做完了，而解决的办法不漂亮的时候，我知道它是错的。

富勒（Richard Buckminster Fuller）

天衣无缝的搭配，加上个别的考虑，就形成了一个严谨的、目标导向的论证——就像时钟的齿轮彼此紧密结合，形成一个更大的整体——常常会有一种很明显的和谐感。这份美感就隐藏在思考概念里包

含的这种思考架构。

此外，数学也是一种奇妙的媒介，让你无条件地去接近创造性。它是深刻的，有时令人惊讶，有时甚至看似矛盾。你可以把数学当成心智工具，去思考几乎所有的事物，去发现新的东西。数学里还留有许多尚未解决的精彩问题。

在数学葡萄园内工作

"矿工忍受着肺尘症，患有自恋型人格障碍的作家，狂妄自大的工头，所有这些问题与缺陷的产生，都可归因于这些患者工作环境的生产条件。"恩森斯伯格（Hans Magnus Enzensberger）写道。就连数学家也有各自的独特生产条件。有哪些呢？特别是要问：数学是从哪里冒出来的？都是些经过精挑细选的地点！

书桌前

西蒙·戈林（Simon Golin）说，数学家是神话中的人物，半人半椅。这里的椅子指的当然是书桌椅。的确，许多数学就诞生自书桌，书桌正象征着嘈杂世界中那块不会让人分心的宁静绿洲。至少是通常不会让人分心。众所周知，数学大师欧拉（Leonhard Euler）坐在书桌前的时候，就算有孩子（他总共生了 13 个小孩）在他脚边嬉闹或趴在他背上，他仍旧能很有效率地思考，做出数学。要不是在晚年失明了，他的产量绝对会多出许多。

床上

高斯（Carl Friedrich Gauss）在一封信中，描述了他对于正十七边形标尺作图问题的新发现："关于做出这项发现的经过情形，我还未曾公开提起，但现在我可以一五一十地说出来。那天是 1796 年 3 月 29 日，而这件事纯属因缘际会……由于我一直在全力思考所有的根之间的算术关系，结果在布朗斯威克家里度假的那天早上（在我还没起床之前），我清楚地看到了这个数学关系式，所以就把它应用到正十七边形上，并坐在床上做数值计算来验证结果。"

喝咖啡时

艾狄胥（Paul Erdős）是 20 世纪最神秘的数学家之一。几十年来他过着走遍世界各地、没有固定居所与稳定工作的生活，大部分时间他都在拜访朋友，靠朋友给他财务上的帮助，有几位还在自己家里永远为他保留一个空房间。同样的场景一再发生：艾狄胥一到，马上就有一个舒适的位置，面前还放了一杯咖啡，这样他就可以开始专心思考了。他常说一句话："我的心是开放的。"他视咖啡如命，经常喝而且喝很多。他曾定义说："数学家就是把咖啡变成定理的机器。"不过，这些定理的质量似乎跟咖啡的质量不太相关。

沙滩上

美国数学家斯蒂芬·斯梅尔（Stephen Smale）1960 年有大半的时间，都在里约热内卢的纯数与应用数学国家研究所（IMPA）做研究，有不少时间是待在沙滩上——当然是在工作啦。他写道："平常的下午，我都会坐公交车到 IMPA，很快地跟艾伦（Elon）讨论拓扑学，与毛利吉欧（Mauricio）谈动力学，或是去图书馆，最愉快的就是我在沙滩上度过的时间。我可以在那边写下我的想法，试着把论证建构起来。我是如此全神贯注在工作上，沙滩完全不会打断我的思考或让我分心。我最好的研究成果当中，有一部分就是在里约热内卢的海滩上产生的。"斯梅尔后来为了最后这句话有点恼火。他高调的反越战行动惹来攻击，而他以尼克松总统的顾问的身份在"里约海滩"所做的工作，被批评是在浪费纳税人的钱。

在信封，鸡尾酒餐巾，乒乓球和各种布料上

可能的物品太多了，我们只举一个例子就好。弗雷（Gerhard Frey）在用餐期间，拿起黑色麦克笔在红色乒乓球拍上写着，向波昂大学的数学家哈德（Günter Harder）热情洋溢地解释自己在数论方面的新想法。弗雷的这个想法，最后成了证明"费马猜想"的重大进展——费马猜想（费马最后定理）是历史上最有名的数学问题。我们会再找机会回头谈一谈费马。

> 我的一个意见。在 2 月 18 日，世界思考日这天，我在日记里写下：一个可能的数学真言——我思，故我在，而且快乐。或者从荷兰数学家史楚克（Dirk Jan Struik）的观点："数学家会活到老年；这是健康的职业。数学家会长寿，是因为他们有愉快的想法。数学和物理都是令人愉快的工作。"

总而言之，数学是神奇的。利用数学，就能变出魔术！

接下来就讲个数学小魔术，以示证明。

许多魔术都是有数学根据的，但往往做了掩饰。有些数学魔术非常具有戏剧性，就像我们在这里所要展示的。纸牌魔术的历史和纸牌游戏一样久远，古埃及时代就已经有人用纸牌玩游戏及变魔术了。巴彻（Claude Gaspard Bachet）是第一个致力于数学纸牌戏法的数学家，并将自己的发现写成一本书：《由数学形成的令人愉快而有趣的问题》，1612 年在法国出版。

就我所知，唯一一位投入数学魔术的哲学家，就是美国逻辑学家皮尔斯（Charles Peirce，1839—1914）。他还自己想出了一些魔术，其中一个魔术是根据费马的一个定理。皮尔斯只花了 13 页来描述玩法，但要另外用 52 页来解释运作原理。不过，比起所花的力气，表演效果可说相当不尽如人意。

然而，今天有数不尽的数学魔术，设计巧妙，玩起来不费力，而且很有成效和娱乐性。下面要介绍的这个魔术，利用到的事实是：32张牌的牌面总和（设定 J = 2，Q = 3，K = 4，A = 11，而七、八、九、十的牌面各为对应的数字）等于216，而216可以被12整除。玩法是这样的：由一个人洗这些牌，从中抽出一张，然后牌面朝下放在一旁——这样魔术师就不知道抽出的是哪张牌。接下来，魔术师要一张接一张看其余的31张牌，看完之后对观众故作惊讶地说，他有惊人的记忆力，所以知道抽出来的是哪张牌。

　　对魔术师来说，他有很多算法可以用来变这个魔术。其中之一是：在他一张一张看这31张牌时，他要累计牌面的数字和，并且取"模12"。意思就是：他把看到的牌面数字加起来，而且只要总和达到12或超过12就减去12。魔术师只需记住目前的计算结果。最后，他把最终算得的那个数字扣掉12，就可以知道盖住的那张牌的牌面了。至于那张牌的花色，魔术师可以利用他的脚，在桌子底下进行取"模12"的算术，就像这样：看第一张牌之前，双脚平踩在地板上，一看到梅花，就把左脚后跟提起或放下，看到黑桃时，则将右脚后跟提起或放下，而看到红心时，同时移动两只脚跟，若看到方块，则不做任何动作。等所有31张牌都看过一遍了，而且在观众浑然不觉之下做完了这些足部动作之后，魔术师就可以从脚跟的位置，推论出那张抽走的牌是何花色。如果只有右脚后跟抬起，代表那张牌是黑桃；如果只有左脚后跟抬起，则是梅花；如果两脚后跟都提起来，表示那张牌是红心；若两脚都平踩在地板上，就是方块（牌的花色总是与脚部的移动相呼应，最终两只脚仍然需要返回到与地面接触的位置）。

　　数学能产生什么样正面积极的情绪，就由这段小插曲来说明：萨摩亚岛上的第一所教会小学成立以来，也促使当地人发展出对于算术的狂热。战士们放下武器，开始把黑板和笔杆当成利器。他们会抓住任何机会，给自己、也给欧洲来的访客一点简单的算术题。人类学家沃波尔（Frederick Walpole）后来说，他在这座美丽岛屿的造访真是扫兴，因为几乎一直不停地算乘法与加法。

城市数学每个星期三中午，纽约数学教授乔治·诺本（George Nobl）都会花一个小时散步。然后他会在第五和第六大道之间的42街，放置一块自制的广告牌，开始教"街头数学"。这位63岁的老数学家解释说，他想带大家重拾数学的乐趣，还拿巧克力棒作为答对问题的奖励。许多路人受到激励，即使下着雨也依然站在黑板前或是向他要纸笔，尝试解题。而且有的问题可能相当难，例如：时钟指到15：50时，时针和分针之间的夹角是几度？弗雷德粉刷一个房间要3小时，玛丽亚粉刷同一个房间只需要2个小时。如果两人一起粉刷这个房间，需要多久？

——出自《纽约时报》2002年2月7日的一篇报道

在这本书中，我们要用许多小例子，来阐述关于量化思考的所有层面，包括它的广泛运用、特殊成效以及美感。整本书里穿插了各种类型的幽默小故事与实例，以及各式各样的数学趣闻。

II

思考工具

一般来说，工具的用途是扩展能力所及、开启新的可能性以及简化烦琐的工作。至于思考工具，则是借由想法和信息来解决问题的策略，这种策略可以让知识、问题及思考的过程变得更容易，并且进一步提升思考能力。简单来说，思考工具是能够强化人类才智的增强器。

紧接着我们要介绍的是心智工具箱，其中装着各式各样用途广泛的解题工具。有的工具虽然在形式或内容上看似相当简单，但仍能阐明许多重要的结果。我们会选几个具启发性的例子，来说明这些方法的应用，但这些方法其实都可以应用到更一般化的情况。这些方法都是相当有帮助的解题技巧。像这样能够广泛应用的技巧，自然不嫌多。接下来我们就开始一一介绍吧！

1

模拟原则

我们能将这个问题回推到另一个已知答案的类似问题吗?

希腊船王欧纳西斯（Aristoteles Onassis）的模拟原则：
富人不过是拥有很多钱的穷人罢了。

失败的模拟：
"将纳税义务人的死亡，依照税法第十六条第一款第三项中的长期无工作能力，作
为判断依据，并进一步依此扣除其增高的免税金额，是不可能的。"

——联邦税务手册

　　寻找和运用模拟，是相当重要的思考工具。要找具有启发意义的实例，并不需要舍近求远，我们可以从运动的例子来切入。以网球锦标赛来说（例如温布尔登），共有128位选手参与单淘汰赛。为了能够妥善规划赛事，公开赛的主席想要知道，在冠军产生之前，总共有多少场比赛需要举办。

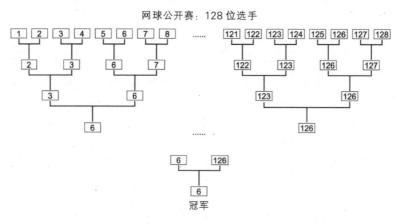

图8　共128位参赛选手的赛程

这时赛事主席必须依据完整的赛程来考虑：在第一回合，将128位参赛选手配对成64组进行比赛，即产生64场比赛。在第二回合，由第一回合的胜出者配对成32组进行竞赛，此回合的胜出者再配对成16组进行第三回合，继续以此类推，直到准决赛和总决赛。也就是说，总共要举办 $64 + 32 + 16 + 8 + 4 + 2 + 1 = 127$ 场比赛。

好了，我们得到这个问题的解答了，但这样的求解方式并不漂亮，反而显得有些老套。不可否认地，虽说这个算式并不复杂、令人拍案叫好或绝顶聪明，但仍是有用的。针对这种解题方法，我的确不是很满意。赛事主席虽然从中得知自己必须了解的一切，但是整体的其中一个面向并没有被呈现出来，而且这种运算显然是有局限性的，同时毫无美感可言。在不混淆思考结果的状况下，只要再多费一点心力，我们也能利用别种方法来解决这个问题。

你可能会发现，参赛人数（即128）正好是2的次方数（即 2^7），而每一回合的比赛场数，又都等于参赛人数的一半，因此相加的比赛场数，仍是2的次方数，而且指数部分会依次递减，从六次方（即第一回合的 $2^6 = 64$ 场比赛）到零次方（即 $2^0 = 1$ 场总决赛）。你可以回想一下以前学过的等比级数公式，特别是，对所有的自然数 n = 1，2，3，…，下列等式永远成立：

$$1 + 2 + 4 + \cdots + 2^n = 2^{n+1} - 1 \qquad (2)$$

如果对于这个公式没有印象的话，你可以在（2）式的左边乘上 $2 - 1 = 1$（其值不变），来做验证，也就是说：

$$(1 + 2 + 4 + \cdots + 2^n) \cdot (2 - 1) = (2 + 4 + 8 + \cdots + 2^{n+1}) -$$
$$(1 + 2 + 4 + \cdots + 2^n) = 2^{n+1} - 1$$

把 n = 6 代入，很快就能得到答案 $2^{n+1} - 1$。

就某方面来说，这已经是相当引人注目且聪慧的思考方式，不需做许多算术，而且还可以从有 $2^7 = 128$ 人参赛的锦标赛，推广到如果有 2^{n+1} 人参赛，则需要举办 $2^{n+1} - 1$ 场比赛。也就是说，若参赛者为 64 人，则有 63 场比赛；有 256 人参赛时，则需要 255 场比赛。有趣的是，赛事的总数总是参赛选手总人数减 1。

然而，以此种解题方法作为开端不是特别适合。因为我们会得出另一个疑问：为何比赛总数会等于参赛总人数减 1 呢？这个策略的有趣之处还不止如此。接下来是数学之美第二章。

每一场赛事都会产生一位胜方及一位败方，这是没有争议的。每一位参赛者都会继续参加比赛，直到落败，便遭到淘汰。这表示什么呢？这解释了：第一，总共有多少场赛事，就有多少人被淘汰。第二，只有唯一一名参赛者，也就是冠军得主，从头到尾没有输过任何一场比赛。现在，就很容易从这两项事实，推论出以下的结果，这是个完美的综合思考。如同我们之前所解释的，除了冠军之外，每一位参赛者都输掉一场比赛，所以，被淘汰的人数以及比赛场数，就会是参赛总人数减 1；因此，128 位参赛者就代表共有 127 场比赛，而若有 2^{n+1} 位参赛者，则须举办 $2^{n+1} - 1$ 场赛事。如此简单的思维过程，就能带来成就感。

简单的思考是上帝赐予的礼物。

——前联邦德国总理阿登纳（Konrad Adenauer）

这些话清楚吗？可被理解吗？

——足球教练特拉帕托尼（Giovanni Trapatoni）

讲清楚一点！

——麻省理工学院实验室的鹦鹉 Alex 在发音课堂上，对他的同事鹦鹉 Grin 这么说。

能够启发灵感的思维过程，是有说服力的、清晰的及结构紧密的。目标明确的推理过程，其实就是纯粹、毫无限制的思索，不需要计算甚至数字，也不依赖已知的公式。它结合了一连串微小的灵光乍现、意外及没有预期到的启发。这个例子虽然微不足道，但同时却展现了有效、经济、简单、超凡的思维架构。

这种思维方式还有一项优点：再经过一番细想，就会发现参赛人数并不非要是 2 的次方数不可，而是马上可以推广到一般的情形：对于有 k 个参赛选手的单淘汰赛，只需要举办 k − 1 场赛事，直到最后的优胜者产生为止，而 k 可以是任意自然数。我们就用 k = 11 位选手的情形来验证一下。

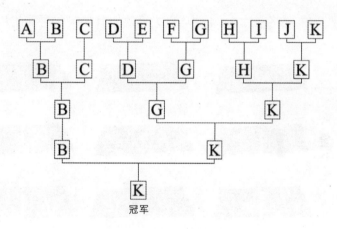

图 9　11 位参赛选手的赛程

每一条横线代表一个赛事，总共有 10 条横线，正如我们所料，必须举办 10 场比赛。

正如这句座右铭所说的："一个好的证明，就是使我们更为明智的证明。"能够激发灵感的思维，会使我们得到更多的信息与更深刻的见解。对知识的理解，是个全方位的问题。

在接下来的第二个例子中，我们要来看看折断一整片巧克力的数学问题。你可以想象一下，一位母亲在小朋友的生日派对上要如何将一整片巧克力迅速地分块，下图中这片巧克力共有 $k = n \cdot m$ 小块巧克力。

图 10　一整片巧克力与分块

我们的问题就是在问，怎么样才能用最少的折断次数，把这片巧克力分成 $n \cdot m$ 块。

如果要将一片 3×4 的巧克力分块，其中一种可能的步骤是：

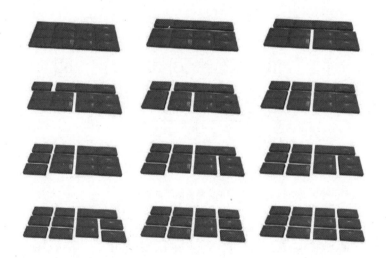

图 11　把一整片巧克力分块

总共要折断 11 次。所以现在继续我们的准互动项目。有个问题马上冒出来：有没有哪个策略，能让折断的次数少于 11 ？探讨各种可能的策略，显然不是一件容易的问题。

答案是：没有！简短但详细地证明如下：不管用什么方法来折

断，折断后的块数都会加1，因为一个大块总会分成两个小块。这是很显而易见的。到最后，没有哪片巧克力可以再被分块时，就代表这整片巧克力已经完全分成巧克力块了。这时我们该来想一想如何减少折断次数的问题：

一开始，或者可以说是折断 0 次后，是完好的 1 块。

折断 1 次之后，会有 2 块。

折断 2 次之后，会有 3 块。

折断 $nm - 1$ 次之后，会有 nm 块。

结论：折断后的块数，始终比折断次数多 1——不受我们的折断方式所影响！此问题可以从这个角度看：出乎意料的无害小事。[①]

数学家把这种关联性，称为不变量。在上面这个情形中，把整片巧克力分块所需的折断总次数，不会因为我的折断方式不同而改变。一旦你意识到这一点，就可以制定一个一般化的步骤。即使我是按照锯齿状的折线，而不是以直线来折断巧克力片，如图 12 所示，完成分块所需的折断总次数依然不会减少。

图 12　用更一般化的方式来折断一片巧克力

再回过头看一下先前讨论的赛事问题，你会发觉：比赛问题与巧

[①] 数学的晚上八小时：为了有一个可以放松的下午，我曾向朋友描述了这个关于巧克力片的问题。这个朋友深深着迷于寻找解答。稍晚，他跟我联络，说他直到深夜都还没有上床休息。当他发觉这个问题的简单解答在他眼前一闪而逝时，他变得很焦躁不安，以至于无法入眠。稍后，他把这个问题命名为赫塞的失眠药。意指我们在任何情况下都可以把一个问题根据其潜力去延展。

克力分块问题之间，有个很重要且意想不到的模拟关系，而这两个问题的求解也可以互相模拟。我们是从结构的角度来看问题。若把两者对应起来，就能清楚看到结构上的一致性：

网球赛　　　　　　　折断巧克力

遭淘汰的选手　　　　巧克力块

每打完一场比赛，遭淘汰的总人数与比赛的总次数均会增加 1。刚开始时，经过 0 场比赛，有 0 人被淘汰，到了最后，经过 k − 1 场比赛，就有 k − 1 人被淘汰。我们可以试着把这些概念，类推到折断巧克力的情形上：巧克力片每折断一次，折断动作与巧克力块的总数均增加 1。刚开始时，折断 0 次，有 1 块巧克力，到了最后，折断了 k − 1 次，就有 k 块巧克力。

这两个问题在深层结构上是一样的——虽然每个问题的情境不同。

像这样有用的模拟不胜枚举，接下来再介绍一个小游戏，非常适合让你用来与这可爱的数学敌人对决。

> 当你一直赢，就会得到更多乐趣。
>
> ——唐老鸭（语出《伟大的高尔夫冠军》）

这个游戏需要一堆硬币，总共有 k 枚硬币。

首先，玩家 A 要将这堆硬币随意分成两堆。接着，玩家 B 从两堆中选择一堆，再随意把它分成更小的两堆。然后轮到 A 再选出一堆……如此这般继续轮流下去。做最后一次分配动作（此时桌上只剩下 2 枚硬币）的玩家，就是游戏的赢家，可以赢得所有的硬币。

这个游戏看起来是个非常困难的数学问题，获胜的策略牵涉许多行动的可能性——虽然后者说对了，但前者可就错了。这个游戏很容易模拟到我们刚才详细讨论过的情况：在经过 0 次分堆前，有一堆硬币；分过第一次后，不管分法如何，都会有 2 堆，紧接着每分一次，堆数都会加 1。这当中的一般规则是：如果硬币数 k 是偶数，玩家 A 一定会获胜，因为要让 k 枚硬币的每一枚都自成一堆，必须分 k − 1 次。所以说，这个游戏又和网球赛问题如出一辙。现在我们已经有同一个问题的三部曲了。

还不止如此：我们甚至找得到打网球、分巧克力、分硬币这几个例子的几何模拟，乍看之下完全变了个样子，但其实是同类型的问题。

出自"世界上最聪明的人"智力测验的两道模拟测验题：

9 与 361 的关系，就好比是井字游戏对什么的关系？

5 280 与英里的关系，就好比是 43 560 对什么的关系？

另外附赠一个我自己设计的模拟测验题：

法兰克·札帕（Frank Zappa）对女性的态度，就好比是乔·派恩（Joe Pyne）对什么东西的态度？

关于上述题目的一个小小的，但也可能是大大的提示：

摇滚音乐家法兰克·札帕受邀上知名的乔·派恩脱口秀节目，乔·派恩向来以挑衅式的谈话风格而闻名。有些人声称，乔·派恩之所以用这种伤人的访谈方式，要归因到腿部截肢让他变得愤世嫉俗。一头长发的法兰克·札帕是在 20 世纪 60 年代末受邀上节目的，男性留长发在当时是很不寻常的。以下就是两人的唇枪舌剑：

乔·派恩："如果只看你的长发，会以为你是个女人。"

法兰克·札帕："如果只看你的木腿，会以为你是张桌子！"

一家博物馆的馆长想要监管博物馆里的馆藏品。这座博物馆的平面图看起来如下图：

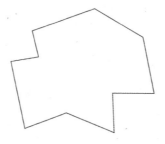

图 13　一个简单多边形

在几何学上，这种结构称为简单多边形。各边只会相交于顶点，形成一个封闭的多边形。

博物馆里都会有警卫。馆长该如何调动这些警卫，以便监控整个博物馆的室内空间呢？

馆长已经想好一个简单的方法：把这个多边形分割成三角形，也就是在整个多边形内部，适当地画出顶点之间的联机。然后，他就可以要求馆内的每一个警卫负责监管一块三角形地区。这样总共需要多少警卫（可分割成几个三角形）？

我们如何能够认知到，其实这不是新的问题，只是看似如此？这个问题的答案，明显取决于平面图的复杂度，也就是多边形的顶点数 k。当 $k = 3$ 时，显然只有一个三角形，而 $k = 4$ 时，会有两个三角形。到目前为止，情况还在我们掌握中。

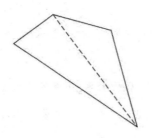

图 14　k = 4 时，有两个三角形

我们必须把联机画出来。k = 5 的情形也很容易达成：

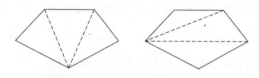

图 13　一个简单多边形

如果我们把 k 边形（有 k 个顶点）改称为 n 多边形（可分成 n 个三角形），即 $n = k - 2$，会比较容易看出一般化的情形。这个小技巧可以减少复杂性。意思就是，3 边形是 1 多边形、4 边形是 2 多边形、5 边形是 3 多边形，以此类推。

很有趣且重要的是，通过联机把 n 多边形切成三角形所需的联机数，会引导出三角形的数目。我们用 $D(n)$ 代表可画出的三角形数目，而以 $V(n)$ 代表需要画出几条联机（彼此之间不相交）。$D(n)$ 个三角形，会有 $3D(n)$ 条边，其中有些边是多边形顶点之间的联机，会重复计算了两次，然后再加上多边形的边数 $n + 2$，所以是：$3D(n) = (n + 2) + 2V(n)$。

如果把所有 $D(n)$ 个三角形的内角全加起来，会得到 $180°D(n) = 180°[n + 2 + 2V(n)]/3$。另一方面，由于联机彼此不相交，所以所有三角形的内角和，会等于 n 多边形的内角和 $W(n) = n \cdot 180°$。意思就是，如果你依顺时针方向，像街上的汽车般沿着这个多边形绕一圈，那么你在 $(n + 2)$ 个角的每一个角往右转的角度，会等于 $180°$ 扣掉该角的内角。整个多边形绕完一圈后，所转的角度总和一定会是 $360°$，这可从 $W(n) = n \cdot 180°$ 推导出来。要是其中一些内角大于 $180°$，这个推理仍然行得通，差别就在于右转变成了左转，角度变成负的。从 $180°D(n) = W(n)$ 这个方程式，可得 $180°[n + 2 + 2V(n)]/3 = n \cdot 180°$，由此又可得联机数 $V(n) = n - 1$。我们还可以附带算出：$D(n) = [n + 2 + 2(n)]/3 = n$。

现在再从另一个不同的观点，来看看关于一个 n 多边形的发现结果。我们先画一条任意的对角线 d。它把这个 $(n + 2)$ 边形，切成两个多边形 X 与 Y，分别有 $x + 2$ 与 $y + 2$ 个顶点，其中的 x 和 y 都小于 n，因此可视为有一条共边的 x 多边形与 y 多边形。

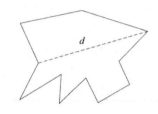

图 14　k = 4 时，有两个三角形

联机 d 的起点与终点既属于 X，也属于 Y，所以 $n = x + y$，而且：

$$D(n) = D(x) + D(y) \qquad\qquad (3)$$

且初始值 $D(1) = 1$。对于 1（包含在内）到 n（不包含在内）的所有 x 与 y 来说，这个关系式都是成立的。图 16 中的 11 边形（或 9 多边形），由对角线 d 切成一个 4 边形（或 2 多边形）和一个 9 边形（或 7 多边形）。因此，$D(9) = D(7) + D(2)$。

由（3）式，若我们令 $x = n - 1$ 和 $y = 1$，即可得

$$D(n) = D(n - 1) + D(1)$$

把这个概念重复代入 $D(n - 1)$、$D(n - 2)$ 等等，就得：

$$
\begin{aligned}
D(n) &= D(n - 1) + D(1) \\
&= D(n - 2) + D(1) + D(1) = D(n - 2) + 2D(1) \\
&= D(n - 3) + D(1) + D(1) + D(1) = D(n - 3) + 3D(1) \\
&= D(2) + (n - 2) \cdot D(1)
\end{aligned}
$$

$$= D（1）+ D（1）+（n-2）\cdot D（1）= n\cdot D（1）$$
$$= n$$

一间 n 边形的博物馆，可划分为 $n-2$ 个三角形，所以馆长的策略是必须分配 $n-2$ 个警卫，才有办法监视整个博物馆。

对照方程式（3），对角线数目 $V（n）$ 也可稍加修改成下面这个关系式：

$$V（n）= V（x）+ V（y）+ 1 \qquad\qquad （4）$$

这里的 $n = x + y$。这个关系式对从 1（包含在内）到 n（不包含在内）的所有 x 与 y 来说，也都是成立的。（4）式右边多出来的 $+1$，代表着把 n 多边形切成 x 多边形与 y 多边形的那条联机。就像（3）式的情形，我们也要考虑一下（4）式的起始条件，因为很显然 $V（1）= 0$，这时只有一个三角形，画不出任何对角线。

利用相同的迭代法，可算出：

$$V（n）= V（n-1）+ V（1）+ 1$$
$$= V（n-2）+ V（1）+ V（1）+ 1 + 1$$
$$= V（n-2）+ 2V（1）+ 2$$
$$= V（2）+（n-2）\cdot V（1）+ n-2$$
$$= V（1）+ V（1）+ 1 +（n-2）\cdot V（1）+ n-2$$
$$= n\cdot V（1）+ n-1$$
$$= n-1$$

所以，在一个 n 多边形，即 $（n+2）$ 边形中，我们最多可以画出 $n-1$ 条不相交的对角线。因此，馆长必须为他的 n 边形博物馆画出

总共 $n - 3$ 条联机。

我们再次注意到，它和分硬币问题的直接关联。共有 n 枚硬币的一堆硬币（我们就叫它 "n 堆"），每次都可分成 x 堆和 y 堆，其中 $n = x + y$，而 $T(n)$ 为所需的分堆总次数：

$$T(n) = T(x) + T(y) + 1 \qquad (5)$$

同样的，这对介于 1（包含在内）到 n（不包含在内）的所有 x 与 y 均成立，且 $T(1) = 0$。

它和网球赛问题的模拟关系也变得很清楚了。令 $B(n)$ 为参赛选手有 n 人的赛事所需举办的比赛场数。关系式（5）中的 T 可以换成 B，这样就能够把 n 个选手分成一组有 x 个选手跟另一组有 y 个选手的群体，这两组分别需要 $B(x)$ 和 $B(y)$ 场比赛，来决定优胜者，分组冠军再比一场总决赛，来争取最后的赢家。

就连分巧克力问题也可以套用这个明显的模拟关系。

我们所讨论的所有情况，本质上都具有相同的抽象基本结构。在所有的例子中，均存在一个函数 $f(n)$，可代入特定的数值 1、2、3 等，来代表有 n 位参赛者的比赛场数、把一片巧克力分成 n 小块的折断次数等。

在每种情形中，这个函数 f 都带有以下的性质：

$$f(x + y) = f(x) + f(y) + 1 \qquad (6)$$

x 和 y 均为自然数 1，2，3…。

若 $f(1) = 0$，则正如之前所看到的，函数 f 必为下面这种形式

$$f(n) = n - 1，对所有的 n = 1，2，3… \qquad (7)$$

别无选择。这是前面谈过的所有问题的抽象核心。从网球赛事到博物馆的监视，所有的问题都能描述成（6）式的形式，连同初始条件 f（1）= 0，最后都会得到（7）式的解。这就是抽象化的好处之一。

数学是技术转移的极致。有时经由极度的抽象化，就可通过模拟来求解，因此，同样的思考模式可以应用到不同但类似的问题。如果我们把想法概念局限在个别的情形里，就会认为对于任何的其他问题，即使是原来问题的模拟关系，都需要一个新的想法。因此，去指责数学的高度抽象化并把自己隔绝于数学之外的人，并不清楚解题的过程是怎么一回事。抽象化的能力，允许我们通过模拟的方法，有效率地解决各种类型的问题。它让我们把一个问题回推到另一个已知答案的类似问题上。抽象化是通往基本知识的途径，模拟原则是可以多方应用的。

换一个灯泡需要多少专家

需要多少超现实主义者？4 位。一位去换灯泡，一位在浴缸中装满流沙，一位用大气层的边缘磨破早餐盘，另一位把抛光后的 Swatch 手表用独角兽来装饰。

需要多少园丁？3 个，一个去换灯泡，另外两个人在旁边争论，这个季节应该使用什么样的灯泡。

需要多少禅师？2 位，一位去换灯泡，另一位不要去换。

需要多少数学家？只要一位。他会把灯泡交给 4 个超现实主义者、3 个园丁或 2 个禅师，这样就把问题回推到已经解决的问题上。

② 富比尼原理（算两次原理）

我们可否算出某些东西的数目，但却是用完全不同的方法去算出来?

1932 年洛杉矶奥运中，一万米比赛的跑者必须在环状跑道上持续跑了许多圈之后，再多跑一圈，因为裁判算错了圈数。大家发现了这个错误后，就以最后一圈的实际结果来计算成绩，这让第 2 名和第 3 名的名次发生了变化。为此，美国选手约瑟夫·麦可斯基（Joseph McCuskey）拒领银牌，他说，这面奖牌应当让给英国选手汤姆·艾文生（Tom Evenson）。

哪一个孩子排行老大、老二、老三或老几，是依照出生顺序来决定的。

——引用自德国联邦就业局的公告

从逃跑的角度来看：墨西哥塔加纳（Tagara）监狱唯一的人犯卡罗·米塔布（Caro Mitrabu），有个合乎情理的潜逃动机。在他越狱后，警卫在他的牢房里发现一张纸条，上面写着："我真的很厌烦了! 每天要集合点名三次!"

——亚历山大的笨蛋：挫折，对生活本身的描述

许多世纪过去后，人们才了解到，一对雉鸡就跟两天一样，都是 2 这个数的例证。

——罗素（Bertrand Russell）

引自数字的历史

数字是抽象的概念，最初是用来当作计数的工具。计数是人类的基本活动；计数的能力，最早可以追溯到文明之初。计数的发展历史差不多就跟语言一样古老，数字（数码）的存在也跟文字一样久远。通过计数的进一步发展，数字系统便应运而生。从古至今，使用的数字系统有很多种，且各有各的文化特征。我们就先按年代顺序来简单介绍一下数字和数字系统。

数学家的日常缩影

一家企业正在举行面试，人事主管要求应征者只须从 1 数到 10。电子工程师开始数："0001、0002、0003、0004、……"人事主管把他打发走："麻烦下一位！"

接着是数学家："我们定义数列 a(n)，令 a(0) = 0，a(n + 1) = a(n) + 1。"人事主管翻了翻白眼，就要下一个应征者进来。

电脑工程师数着："1、2、3、4、5、6、7、8、9、a、b、c……"即便如此，人事主管还是不满意。

最后一个应征者是社会学家："1、2、3、4、5、6、7、8、9、10。"人事主管高兴极了："就是你，你得到这份工作。"社会学家非常开心地说："我还可以继续数，杰克 J、王后 Q、国王 K。"

人的 10 根手指成了十进制的基础，如果连脚趾也用上，就变成二十进制。替每个数字都给予一个专属的符号，显然是不实用的，所以早期发展出来的记数方法，都会尽量以少数几个符号来代表许多数字。最古老的计数记录，是在木材上的缺口发现的（"你在木头上留下了什么吗？"），而且吻合现今西方计数符号的模式，例如 IIIII IIIII IIIII III。

当数目变得较大时，大家就发现这种方法很没有效率，必须将较大的数目并成一捆。古埃及人在公元前 3000 年就开始使用象形文字，他们把 10 的次方数捆在一起。他们用以下符号来表示：

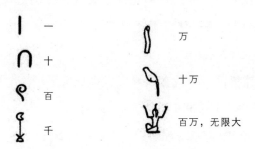

图 17 古埃及人的数字

他们后来又增加了几个符号，并用一个代表更大的数目的符号，来取代十个相同的图案。譬如说，下图就代表 5 322 这个数目：

巴比伦人大约在公元前 3000 年，第一次使用位值系统：一个数字的值，取决于它所在的位置。我们今日所用的十进制，也是位值系统的例子。但是巴比伦人的位值系统，底数不是 10，而是 60。我们并不知道为什么巴比伦人要采用 60，背后的原因可能与重量的制度有关。今日我们把一小时划分成 60 分钟，一分钟分成 60 秒，也是源自巴比伦人所使用的方法。假如巴比伦人是以 10 为底数，今天的时间划分很可能就会是一天有 10 小时，一小时有 100 分钟，一分钟有 100 秒。

Ah ju launtsam tunait？

几个月前，位于柏林的"重新设计德国"集团开始进行工作。该集团的清楚目标为：德国在各个领域的重组。随着新时代和新语言的开始，就是所谓的简单化德语，已经开始进行了。

《南德日报》，2001 年 10 月 12 日

下面是摘自"重新设计德国"集团宣言的几段话：

"重新设计德国"是用简单化德语来取代传统德语。简单化德语简化了德语的文法，使其易于学习，同时不需要有基础的知识就能够花更少的时间来学习。

"重新设计德国"在所有领域实施十进制。1 天有 100 小时，1 小时有 100 分钟，1 年有 100 天。

对此有何评论？就像是强迫托尔斯泰复活啊！

巴比伦人的六十进制，只需要两个符号：楔形和钩形。他们把这些符号用方角笔刻在潮湿的陶板上，然后放着让它干燥或是烧冶。这种方式非常利于永久保存，因此直到超过五千年后的今天，依然有成千上万的巴比伦陶板留存下来。

楔形代表数字 1，钩形代表数字 10，到 59 之前的数字都重复使用这些符号来写，例如下面这个符号：

就代表 24 这个数目。

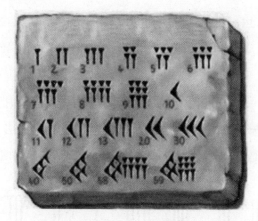

图 18　巴比伦人的数字

超过 59 之后，就要应用这个重要的原理了。在我们的十进制系统中，当最右边的个位数填满了就进位，巴比伦人的系统则是到 59。我们现代所使用的数阶为 $1=10^0$、$10=10^1$、$100=10^2$ 等等，在巴比伦人的六十进制制，就会是 $1=60^0$，$60=60^1$，$3\ 600=60^2$，$216\ 000=60^3$ 等等。以 694 为例，就可写成 $694=11 \cdot 60+34$：

3241 这个数在十进制的记数法事实上是 $3 \cdot 10^3 + 2 \cdot 10^2 + 4 \cdot 10^1 + 1 \cdot 10^0$，同一个数也可以写成六十进制。为了感觉一下巴比伦人空前的成就，你可以把自己的出生年份用六十进制写下来！

尽管它是巴比伦人的伟大成就，这个计数系统还是有一个问题存在：巴比伦人没有零的概念，至少，他们最初并没有为零准备任何符号。现今我们能够使用零来区分 32 与 302 和 320 这三个数，并不是因为巴比伦人的功劳。例如下面这个数串：

可能表示 21，也可能代表 $21 \cdot 60^1$ 或 $21 \cdot 60^2$ 等等。到底是指哪个数目，巴比伦人必须从上下文来推断，因为缺少了零让数字的位值暧昧不清。直到后来，巴比伦人才引进了一个符号，来代表空格。

大约从公元前 1000 年，中国人就开始使用算盘，并且利用竹子做成的小竹棍（算筹）来代表数字。这种系统化的记数法直接代替了文字，变成竹棍数码。而利用这些小竹棍来做演算，叫作筹算。

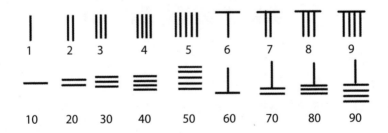

图 19　中国古代的算筹记数

玛雅人和阿兹特克人采用了以 20 为底数的计数系统，把数字 1 到

4用点来代表，而5、10、15则以横线来表示，至于零，他们用了赆贝的符号：

其余的数字就要靠位值系统，并把符号堆栈在一起。

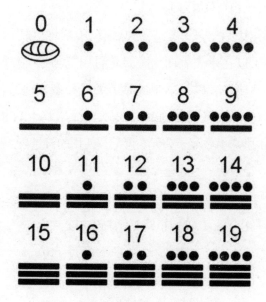

图20　玛雅人和阿兹特克人的数字系统

数字 213=10×20+13×1 就会表示成：

罗马数字的历史可以追溯到古罗马帝国时代，起源时间可追溯到公元前8世纪。

罗马数字是由七个符号，并根据加减法的组合规则所形成。使用到的符号为 I=1，V=5，X=10，L=50，C=100，D=500，M=1 000。

·相同的数字相邻，就相加，但最多只允许三个基本数字相邻

（XXX=30）。

· 较小的数字放到较大的数字右边时，代表相加，若放在左边，则代表减去（如 XXXI=31 或 IXXX=29）。中间数码（即 V、L、D）不得当减数。

· 基本数码 I、X、C，只能从下一个更大的中间数码或基本数码来减（MDCCCXLIV=1 844）。

罗马帝国结束后，罗马数字仍继续在中欧地区使用到大约 12 世纪。今天你还可以在手表表面与公元年看到罗马数字，特别是在建筑物上，在版权声明中，以及书里的章节编号和条例项目，西方人还会用来区分同名同姓的人，例如 Benedikt XVI（本笃十六世）。

希腊最早的数字系统始于公元 5 世纪，使用的符号与罗马数字相似：

I（单一线条）= 1

∠（从 pente 这个字而来）= 5

∅（从 deka 这个字而来）= 10

H（从 hekaton 这个字而来）= 100

X（从 chilion 这个字而来）= 1 000

M（从 myrioi 这个字而来）= 1 0000

希伯来人的数字系统里，利用了 22 个希伯来字母来表示到 400 为止的数目。在《塔木德》中，是把大于 400 的数目直接记为相加的形式，例如 700=400+300。

即使只是概括讨论计数的历史，也不能不提公元前 3 世纪在印度出现的婆罗米（Brahmi）数字，今日我们所使用的数字 1 至 9，就是从这套系统发展出来的。大约在公元 600 年，印度人发明了零的概念，这个贡献实在是难以用言语形容。印度的数字和十进制的概念，最早是经由波斯数学家、天文学家兼地理学家花剌子密（al－Chwarizmi，约公元 780

—840 年），传播到阿拉伯人所占领的领土，后来又由意大利数学家斐波那契（Fibonacci，本名比萨的雷奥纳多，约1170—1240）传至欧洲。斐波那契在他的《计算之书》中使用了这些数字，书中是这么开头的：

"印度的新数字符号是：

9 8 7 6 5 4 3 2 1

有了这些新的数字和0这个符号，阿拉伯人称之为 zephirum（零），就可以写下任何一个数目。"

这套记数系统是目前世界上最为普遍的，这是人类史上最为开创性的发现，是征服了全世界、连接了各种文化的一项成就，是当今唯一的、真正的世界共通语言。数字已不再只是服务的功能；数字可以创造出新的真理。

偶尔，我们还是找得到古代传统计数系统的遗迹或奇特的地理特色。阿尔及利亚和贝宁境内的约鲁巴族（Yoruba），至今仍在使用复杂的二十进制，然后再利用一套加减运算法来记数。以下是一些例子：

$35=2 \times 20-5$ $47=3 \times 20-10-3$

$51=3 \times 20-10+1$ $55=3 \times 20-5$

$67=4 \times 20-10-3$ $73=4 \times 20-10+3$

约鲁巴族的数字1到10就代表自己，数字11至14是靠加法产生的（即 11=10+1，以此类推），相反的，15至19则是由20做减法来产生：例如15=20-5。数字21至24，再次由加法规则产生，而25到29又是由30来做减法。这种模式一直持续到200，然后这种结构就终止了。

巴布亚新几内亚的欧克沙明（Oksapmin）文化，使用了上半身的27个部位来代表数字，这个数列始于一只手的大拇指，以另一只手的小指头作结。

　　在许多语言中，数字的书写与口述之间经常是不一致的。在法文中，95 这个数字念成 quatre-vingt-quinze，意思是"四个 20 加上 15"。英国韦尔斯人把 18 说成"两个 9"，法国布列塔尼人则说成"三个 6"。丹麦人对数字 60 的说法是 tres，从词源来看这个词可理解成"三个 20"（tre snes）的缩写版；而 halvtreds 这个词（从最后面的 20 算来，只有一半，也就是 halv）意指 50。

　　在金邦杜语这种班图语中，7 的说法是 sambuari，字面意思是"5+2"，其原始的含义在修辞学中委婉的意义是用来替代 7 这个数字，因为禁忌的原因。非洲的尼姆比亚方言（Nimbia）采用十二进制的系统，144 这个数目是 12 的 12 倍，念成 wo。这些词真是了不起啊！

　　每一种计数法都是根据一种抽象化过程，必须经过一番努力才得以建立起来——而这个过程的结果，例如把两堆不同东西的数量都叫作 2，也不是一蹴而就。偶尔我们会找到过去留下的遗迹。譬如在斐济群岛，他们用 bole 这个字表达"10 艘船"，要说"10 颗椰子"时却用另一个字 karo。

　　数算当然是数字系统最基本的功能之一。最简单的计数行为，就是重复加 1，而计数的目的通常是要看看东西的总量有多少，或是要从一堆东西里抽出我们想要的数量。有什么能比数算更容易？

　　然而，事情并非如此简单，因为我们还需要"零"才有办法数算，但正如前面提到的，一直要到 13 世纪"零"才传到欧洲。正因如此，直到中世纪，欧洲人在计算空间距离和时间间隔时，是把头尾都包含在内，于是从"今日"到"今日"算作 1 天，从"今日"到"明天"则是 2 天。一些古老的文本上仍然保留着这种算法，譬如"在 8 天里"这个说法意指一周，但事实上是 7 天。类似的例子还有法文中的 quinze jours，意思是 2 周，但字面上直译为"15 天"。

　　《圣经》上也可以找到一个有趣的例子。《圣经》记载耶稣是在第三天复活，不过他是在星期五下午死亡，经过星期六晚上，然后在星期日的夜里复活。在犹太教里，星期六晚上就算成是星期日。星期日是在星期五的两天后，按照包含头尾的算法就是第三天。若照着《圣经》的算法，把复活节星期日计算在内，那么就要在复活节后40天庆祝耶稣升天节，但以现代的算法则是只经过了39天。圣灵降临节也是同样的情形，若以今天的算法，是复活节过后的第49天，但以古法来算的话却是第50天。针对中世纪以前的历史研究，总是得处理这种包含头尾的算法。我们不能直接相加算出各君王的在位时间，始末之年可能都会重复计算。

即使到了今天，音乐上的音程（interval）依然是以包含头尾的算法来计算的。这就表示，intervallum这个拉丁词是名副其实的。音程的名称也是把头尾两音都算在内。因此，以现代的算法来看，一度音程的距离为0，二度音程的距离是1个音，三度的距离为2个音，八度的距离为7个音。

人类的交流互动与数字脱不了关系：没有了数字，贸易、建筑、运动就会变得无法想象。数字除了是计数的工具，也是细分大数目的工具。我们该如何将空间、时间、物质、能量和其他的量加以分割，以便计算和测量？哪些数字特别适合呢？

人类将日与夜分成12小时，1小时切成60分钟，把一个圆分割为360度。这是为什么？这么做原因何在？说到细分，有些数可以被很多数整除。在数学上，这些数称为高合成数；说得更具体些，这种数的特点就是，能够把它整除的因子，数目多过小于它的数的因子，同时也多过可整除它的两倍数、但无法整除它本身的那些因子的个数。很显然，一个数的两倍数带有的因子，一定会比原数的因子来得多，因为多了质因子2。有趣的是，照这样说来高合成数只有六个，即2、6、12、60、360、2 520。对许多实际用途来说，2和6两数太小，2 520又太大了。然而12、60、360相对于自身的大小来说，有很多因子，所以特别适合做分割与测量。

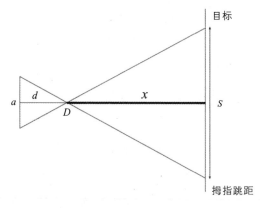

图 21 拇指跳眼法

实验数学：测量，徒手实做

拇指跳眼法很简单，可用来测量本身和物体之间大概的距离。你可以借由大拇指来估算距离。它的原理相当简单，就是靠视线范围上的横向跨距，来估计距离深度。使用一些几何知识和几个小技巧，就可以间接量出物体的距离。

下面是步骤说明：手臂向前伸直、握拳，然后竖起大拇指，闭上左眼，靠着右眼让拇指对准目标。接着再闭上右眼，睁开左眼看向拇指，这时你会发觉拇指的位置往右跳了，我们令所跳的距离为 s，如图 21 所示。

a 是两眼瞳孔间的距离，d 是手臂伸直后从眼睛到大拇指 D 的联机距离，s 是已知或估计出的距离，而 x 是欲求出的未知距离。

根据我们从学校中已学过的截距定理：$x/d = (s/2)/(a/2) = s/a$；化简后可得 $x = s \cdot (d/a)$。

d/a 这个比例当然因人而异，但绝大多数会落在 9：1 到 12：1 的范围内。为了获得最佳结果，必须事先自行测量出来。通常 10：1 就够精确了。无论如何，拇指跳跃法只是一种经验法则——你想称它拇指法则也行。

当然，我们可以用不同的方法来数算。但对于给定的问题，不同的算法应会得出相同的结果。在还没有计算器的时代，记账人员在没有计算机之前，就是用这个简单的想法。在算出账目表的总数时，他们会先算出各行小计的加总，再比对列的总计。如果账目是对的，行与项的总计会相等。以图形的方式可表达如下：

图 22　复式簿记的基本原则。行的总计＝列的总计

这个简单且简明扼要的观念，是一些数学技巧与证据的基础，往往又会与更复杂的观念作结合。所以，我们把这个由数字、计数、记数系统带来的轻松表演，定为第二个思考工具。这是最早的定量原理之一：

如果一组对象以两种不同的方法来计数，那么结果会是一样的。

这个事实十分基本，学龄前的孩童都可以理解，但借着巧妙的应用，也可以从中获得很有趣的知识。我可不是在开玩笑。我们马上就要化身成磨坊主人的女儿，将稻草纺成金子[①]。

有个直接推导出的结果是：如果要算出不同数字的加总，按照哪种顺序或是前后次序来做加总，都无所谓。套用数学家的说法就是：加法有交换律和结合律。这并不是什么震惊世界的事，再正常不过了。

投诉栏

"我痛恨总数。将算术视为精确的科学，是极大的错误。譬如说，如果由上往下去计算总和，然后从下往上再计算一次，算出来的结果永远不同。"

女读者投书，《数学学报》(*Mathematical Gazette* **)，1924 年第 12 卷**

---

① 编按：典故出自格林童话。

我们现在要跳回到 200 多年前，看看这个简单原理的应用，这个应用本身很平凡，但就当时的背景来说令人印象深刻。同时我们也要以大史实中的一段小插曲，向我们的英雄表达敬意：

蓝色星球之星：高斯

1777 年 4 月 30 日，高斯出生于德国的布伦瑞克（Braunschweig），父亲是屠夫，母亲是家庭主妇，家境非常贫困。高斯从小就展现了卓越的思考能力，许多近代数学家据此而把他视为有史以来最不凡的数学家。

七岁时，他进入圣凯瑟琳学校就读，他的老师布特纳（Johann Georg Büttner）非常严格。布特纳必须同时面对不同年龄的学生，因此经常给一些学生很长的数学题目去计算练习，以便腾出时间照料其他学生。有一次，他要一群学生，包括高斯在内，从 1 加到 100。根据当时的惯例，学生们写完作业后，会把写字板交到一张桌子上，而老师会按照分数来排序。

老师出完题才过几秒钟，小高斯就已经在他的写字板上写好答案，交到桌子上，还在旁边写下"因为就是这样！"这几个字。布特纳在整整一个小时里，都带着难以置信、愤怒和恶意，无视于高斯的表现，此时高斯则是双手交叉，保持着不受老师干扰的态度，坐在自己的座位上等其他同学继续计算。高斯的写字板上只有一个数字，而且是正确答案。高斯并不是直接去求解问题，而是靠着横向思维，把问题由繁化简成简短的计算。他已经展露了深刻的数学直觉，终其一生都不曾失去。在高斯向老师解释自己的思考方法之后，布特纳看出眼前这位学生是天才。而神童高斯的美誉随即传遍整个布伦瑞克。

高斯怎么这么快就能从 1 加到 100？

他的策略根据的就是我们的第二个思考工具。

首先要做个小调整，以便使用思考工具。把这些数字写两次，而不是只写一次，这是灵光乍现，但也因此更加容易相加。我们把它写成上下两行：

$$1 + 2 + 3 + 4 + \cdots + 98 + 99 + 100$$
$$100 + 98 + 98 + 97 + \cdots + 3 + 2 + 1$$

然后我们把上下两个数相加，而不是逐行加总。第一列的相加结果为 1+100=101，而第二列为 2+99=101，第三列为 3+98=101，以下类推。很明显的，重点在于把它变成 100 个 101 的总和。结果就得到 100·101=10100，而这是从 1 加到 100 的总和的两倍。因此，从 1 加到 100 的总和是：

$$1 + 2 + 3 + \cdots + 100 = 10100/2 = 5050$$

又快又巧妙。

也就是说，高斯发现了另一种求和的方法，在这个方法当中，每一组数字和的值永远相同，而且有多少组也很清楚。这正是富比尼原理简单却极为巧妙的应用。

如果我们用图像来表示高斯策略的一般情形 $1+2+\cdots+n=n(n+1)/2$，就是：

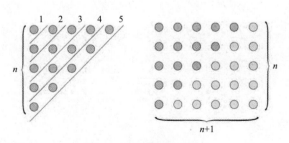

图 23　高斯策略的图像表示

我们就以另一个漂亮的例子来结束这一章。

假设我们要从一个有 n 名学生的班级里，选出学生代表派到校长那边去。如果学生代表的人数至少要有两位，有几种选法？

其中一个做法是，把学生代表人数有 2 或 3 或 4……或 n 位的所有情形全算出来。这会是许多个别项的加总，计算起来很烦琐。另一个思考方法则是，每个学生都有 2 种可能：获选为代表，或者没有获选为代表。因此对 n 个学生而言，就会有 2^n 种可能。但在这种算法中，只含一位和全班 n 位都含进去的情形都算进去了。这两种情形必须扣掉，所以总共有 2^n-n-1 种选法。

3

奇偶原理

我们可以从问题是否可能具体区分成两个互不重叠的类别，来得知问题有没有解吗？

父母之间的性别差异，是传宗接代的先决条件。

——出自政治教育信息第 206 号：德意志联邦共和国的家庭

　　人类这种生物，发明了分门别类。科学及日常生活中充满了物种、属、纲目、时期、部门、组别和构成要素。几乎所有的事物都能经过排序、分类与归类。最简单的分类形式是对整体事物的二分法：偶数和奇数、暗与亮、静与动、白与黑、阴和阳。

　　我们不断地按此简单的原则，把这个多样化的世界划分成二元对立的世界。举例来说，现在想一下你所有的朋友，并将他们分成理性和感性两组。除了几个模棱两可的情况，这个任务通常并不困难。理性与感性这两种概念，大致上算是明确的概念，但即使用不同的类别，通常也很容易归类。例如我们可以考虑艺术史家贡布里希（Ernst Gombrich）想出的"乒"与"乓"的用语。虽然是不具定义的艺术用语，但仍然可以轻易作为划分世间事物的明确类别。针是什么？当然是"乒"，就像星星、铅笔、碰撞、政变。那么一本书呢？大概是"乓"，就像汤匙、抹布、传说、方向盘、爱抚。此外，就像先前我们把朋友分成理性与感性两类，你肯定也能把东西分成乒与乓两类。这个例子正说明了人类心智的灵活度以及想要化繁为简的倾向，甚至碰到本身毫无意义、未定义的类别，譬如乒与乓，也丝毫未减。

　　哲学上的有趣二元分类法，是分类为左右两种空间。事实上，我们可以将空间概念哲学化与数学化。康德（Kant）与维根斯坦（Wittgenstein）正是思索过左右二分哲学的两位思想家。康德拿左右手为例，说："还有什么会比我的手或耳朵在镜子中反射的影像，看起来更像，且在各方面都等同于我的手或耳朵？尽管如此，我可以在镜中看到一只手，它并不在原来的位置上，因为如果它是右手，在镜中会变成左手，而镜中的右耳事实上是左耳，但绝对不能替换前者。只在没有内在差异下，才能思考任意放置的可能性；但就感官上而言这个差异是内在的，因为左手与右手虽然彼此相等且相似，却不能包含在同样的界限内（它们不可能全等），一只手的手套不可能戴在另一只手上。"

在同一段落中，他还写道："因此我们可以分辨相似、相同但不全等的事物之间的差异（例如蜗牛的螺旋），不是经由单一的概念去理解，而是通过左右手的关系，以直觉的方式来察觉。"

维根斯坦对于同一主题是这么思考的："康德的左右手问题，也就是无法让左右手重合的问题，已经存在于平面上甚至一维空间中，譬如下面这两个全等的图形 *a* 和 *b*：

也不可能彼此重合，除非可以搬移到这个空间外。其实左右手绝对是全等的，但这和它们不能够重合，并无关系。倘若能在四维空间中旋转，就可以把右手手套戴在左手上。"

左和右的语言学：在 1970 年，美国的一个洗衣粉制造商在沙特阿拉伯的媒体上刊登了一则广告，推销一款新上市的肥皂粉。在广告的左边我们可以看到一堆脏衣服，中间是一个洗衣槽，上面浮着一堆肥皂泡沫，右边是一堆洁白如新的衣物。广告词译成阿拉伯文后是这么说的："轻轻松松，你的脏衣服迅速就会像这样。"许多阿拉伯人看了广告后都笑了，因为他们是从右边读到左边。

沃克·尼尔（Volker Nickel）:《大家都为了自己》

再补充一下康德对于这个主题的思考。他在别的地方做了一个思想实验，假设上帝要创造人类的手。"不过，假如我们想象他所造的第一个部位是手，那就应该是左或右手的其中一只……"

由于左右手是全等的，但又不能互相重合，所以康德认为，只有绝对的空间可以作为参考准则，来判定所造的是哪一只手。否则的话，那只手就没有明确的定义，如果接下来上帝造了一个没有手的身体，那么就可以任意把手接在左边或右边，但这显然是不可能的事。

也算是奇偶概念

如果你一只脚穿着咖啡色鞋子，另一只脚穿着黑鞋，那就意味着你的鞋柜里也有这样的一双鞋。

20 世纪中叶之前，物理学家一直认为宇宙是没有左右之分的。这个概念也可以换一种说法：如果自然律允许某个过程发生，那么也会允许该过程的镜像发生。或者说：如果有人把某个事件的影片放给你看，而且这支影片左右颠倒了，那么光凭自然律的知识，你说不出哪里出错。这就是物理学家所说的"宇称守恒"，这个概念是说，如果所有的空间坐标同时做了镜射，该系统中的物理关系和定律仍保持不变。如前所述，物理学界一直认为，整个宇宙是左右对称的——直到1958 年 [1]。在那一年，已做出实验证明某些基本粒子的自旋方向几乎总

---

[1] 编按：提出"宇称不守恒"的是华裔物理学家杨振宁和李政道，两人因此理论在 1957 年获诺贝尔奖。

是转向左旋，虽然它们处于一个完全对称的环境下。

定义左与右的问题，称为奥兹玛（Ozma）问题。用小朋友能懂的说法来讲，就是："左手是大拇指朝向右边的那只手。"你可以看到，由相反的概念来陈述某个概念，的确行得通，但这依旧没有解决定义的问题。看样子，我们的任务是必须定义左和右的绝对意义是什么。

假设我们收到来自 X 行星的无线电波讯号，而 X 行星距离地球十分遥远，我们和 X 行星上的居民都观测不到彼此之间有其他天体在运行。再假设，X 星人有拉玛和喇玛两个词汇，我们知道它们是指右和左的意思，只是不知道哪个指左哪个指右。此外，他们还用卡马与反卡马来描述旋转的方向。他们用哇马和欧马来代表方向，用沙马与那马来指称行星的两极方向，这些用语就像是我们的东、西或南、北，但我们同样不知道哪个代表哪个。

我们要如何猜出哪个字是指左边，哪个字是指右边？

也许有人告诉我们，在 X 行星上看着太阳升起时的方向就是欧马。但 X 行星自转的方向说不定与地球不同，所以欧马是指西方而不是东方。也许我们还得知，如果他把自己的喇玛手的手指弯起来，手指头所指的旋转方向为卡马。但我们并不知道喇玛手是左手还是右手，所以我们也不晓得卡马到底是顺时针还是反时针方向。你或许会想，我们可以向 X 星人发送出图片，可是我们当然不知道他们是习惯由左到右扫描图片或是从右到左，而且他们也无法告诉我们。所以我们有可能把他们的图片全都印反了。

这就是奥兹玛问题，而且直到 50 年前，都没有办法让 X 星人理解我们的左右，或更该说是没有办法得知他们的左右概念。要等到1958 年之后，"宇称守恒"被推翻，才有了以下这种可能：有一位物理学家首度描述了，该如何借由实验制造出一束左旋的基本粒子。接着他表示，X 星人手掌朝上（即从 X 行星的中心往外指）时，若大拇指与粒子流动的方向一致，那就是左手。就这样解决了这个问题。

把数字分类成奇数或偶数，在数学上扮演了极为重要的角色。我们来举个例子，你找一个人，请他从钱包里抓取一把硬币，随意放在桌上，就像这样：

图 24　利用奇偶性来变硬币戏法

然后你转过身去，请对方任选几枚硬币翻面，但每翻一次他就要说"翻面"。最后，再请他用手盖住一枚硬币，之后你转过身，察看一下摊在桌上的硬币，就可说出他盖起来的那枚硬币是正面朝上或是反面朝上。

这个戏法是根据奇偶性守恒与奇偶检验。在你转身之前，要先暗地里数一数有几枚硬币是正面朝上的，并且记住这个数目是奇数还是偶数。如果一共翻面了偶数次，正面朝上的硬币个数的奇偶性（即它为奇数还是偶数）就维持不变，会和游戏开始时一样；但要是翻面了奇数次，奇偶性就会改变。只要看一眼最后桌上有多少硬币是正面朝上的，你就可以推断出盖住的那枚硬币是哪面朝上。这个游戏还有另一种玩法，是让对方在最后盖住两枚硬币，然后预测这两枚硬币是不是同一面朝上。

在错误检查码的设计上，会使用到奇偶检验，这也是类似的情形。所谓的码就是一种指令，可转换需传输的信息，通常是转换成符号 0 和 1 组成的字符串。在数据（即 0 - 1 字符串）的传输过程中，可能会发生错误，导致数据的变化（即 0 传输成 1 或 1 传输成 0）。在可能的情况下，应该把这些错误侦测出来，而这通常要通过插入额外的信息来达成，像是添进一个检查位。于是，脚本就包含了待传输的数据，譬如：

$$01100010100001100$$

以及加在尾端的检查位。如果数据字符串中包含奇数个 1，检查位就等于 1，否则为 0。也就是说，传输数据和检查位总共包含偶数个 1。假如数据和检查位传输正确，整个数据中的 1 的个数才会等于偶数。若其中一个位传输错误（0 传输为 1 或 1 传输为 0），1 的数目就改变了，奇偶性也会跟着变。所以，我们可以从奇偶性的改变来侦测出错误，让数据再重新传输一次。

这个简单的奇偶检验码至今仍是不完美的，有时出现了偶数个错误，仍会通过奇偶检验，通报为传输无误，错误因此就未被侦测出来。除此之外，奇偶检验码也不会显示究竟哪里出错。就此而言，这简单的奇偶检验码虽然能局部找出错误，但无法"更正错误"。

如果需要一个具有这种额外功能的检验码，就必须投入更多努力。有个方法出自美国数学家汉明（Richard Hamming，1915—1998），我们把这种特殊的形式称为（7，4）区块码。在下面这个长度为 7 的字符串中，每个区块 *abcd* 都是由 0 和 1 组成，再添加巧妙选择的三个核对位 *uvw*：

$$abcduvw$$

这样一来，就能在侦测到错误时，找出其位置并更正错误。为了说明它的原理，我们来看看图 25：

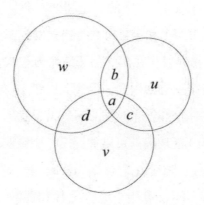

图 25　(7,4) 区块码核对位元的结构

字母 a 位于三个圆的交集，字母 b、c、d 放在两个圆的交集。至于核对位，就放在两圆或三圆交集以外的地方，它们的值也定为 0 或 1，而且须满足下列的三个方程式：

$$1.\ a + b + c + u = 偶数$$
$$2.\ a + c + d + v = 偶数 \qquad\qquad (8)$$
$$3.\ a + b + d + w = 偶数$$

因此，假如在数据传输的四个区块中，$a=0$，$b=1$，$c=0$，$d=1$，我们就得解出下面的方程组：

$$1 + u = 偶数$$
$$1 + v = 偶数$$
$$2 + w = 偶数$$

这并不困难，直接就看得出解为 $u=1$，$v=1$，$w=0$。

这个附加了核对位的检查码，可以修正错误到何种程度？如果在 *abcduvw* 字符串中发生一个错误，则在（8）式中有几个总和将会是奇数：若错误发生在 *a*，（8）式中的三个和全都会是奇数，错误若发生在 *b*、*c* 或 *d*，则其中两个和会是奇数（错误发生在第一与第三个方程式，代表 *b* 出错；错误发生在第一与第二个方程式，代表 *c* 出错；若错误发生在第二与第三个方程式，代表 *d* 出错）。如果错误出现在 *u*、*v* 或 *w* 的话，只有一个和会是奇数，不是第 1 就是第 2 或第 3 项。按照这个方式，（7，4）区块码就可以侦测出每个错误，并准确地确定出错位置。等侦错完成，随后就能除错。这个检验码真是巧妙极了！

奇偶性这个词，不仅可用于区分奇数和偶数，还能用于一般情况，延伸到任何两个互斥的集合 *A* 和 *B*。如果两个数（或一般的两个对象）具有相同的奇偶性，意思就是指两数都是偶数或奇数（或两对象都属于集合 *A* 或集合 *B*）。否则我们就说，它们（数或对象）的奇偶性不同。接着我们要看两个特别富有启发性的例子，奇偶原理是其中的要角。

例 1：骑士问题

想象一个 *n·n* 的西洋棋盘，有个骑士棋子，可摆在任何一个棋格上。这个棋子要照着西洋棋中骑士的规定走法，把棋盘上的每一格都走过一遍。问题来了：*n* 是不是奇数？

我们由奇偶性的概念，来说明不可能是奇数。如果 n 是奇数的话，就可以把它写成 *n*=2*m*+1，其中 *m* 为某个自然数或是 0。如此一来，

$$n^2 = (2m+1)^2 = 4m^2 + 4m + 1 = 2(2m^2 + 2m) + 1$$

从这边可以知道，棋盘格数为奇数。因此，白格与黑格的数目刚好差 1。下图是 *n*=3 的情形：

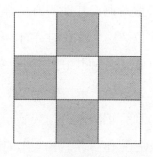

图 26　白格数与黑格数的奇偶性不同

到目前为止我们达到多少成就了？只有一丁点：我们知道，白格数与黑格数的奇偶性不同。显然只进展了知识的最小单位。但是这点知识已经够用了。我们只需要熟练运用：由于骑士的每一步都是从黑格走到白格，或白格到黑格，也就是黑白格子数目的奇偶性必须相同，这样骑士才能把所有的棋格都走过一遍。但 n 是奇数时，奇偶性不同，所以骑士的动作路径不可能把每一格都走到。

有力的数学建构真是密实又美妙的。奇偶原理在这边没有遇到太大的阻力。

下一个应用中，奇偶原理发挥的作用就更强大了。

例 2：推盘游戏

在一个方框里放置了 15 个依序编号的方块。游戏开始之前，方块排列的方式如下：

1	2	3	4
5	6	7	8
9	10	11	12
13	15	14	

图 27　推盘游戏板上的起始方块位置

除了数字 14 和 15 的位置对调，其他的方块都是由小到大依序排列。一开始在右下角留了空位。这个游戏的目的，就是要靠合适的移动方式，让所有的方块从 1 至 15 按照顺序排列。空格周围的方块，可以水平或垂直推到空位上，这样一来，相邻的方块与空格就可互相对调位置。方块可以移动，但不可取出。

这个数字推盘游戏是在 1878 年，由美国的天才谜题设计者洛伊德（Samuel Loyd）发明的。他的名字和许多巧妙的谜题连在一起。他可能是有史以来最著名的谜题设计专家，设计了超过 5000 个复杂谜题，从西洋棋问题到数学问题，他也在我多年的解谜过程里带给我许多欢乐。在此利用很短的时间对洛伊德的贡献致敬：

一首自创的五行打油诗

威尔巴克罗伊特小镇的镇长

是洛伊德的粉丝。

为了纪念洛伊德——他才刚上任

他要颁布一个拼写方式的改革

将 Doyt 这个地区的名称一律改成 Loyt

出自作者的打油诗体悟：所有关于洛伊德的轶事

洛伊德提供一笔 1 000 美元的奖金，给第一个成功破解的人。这个游戏风靡一时，大街上、马车上、办公室里和商店里的人，全都在解谜，而且不少人完全沉浸在其中。甚至进入了德国国会殿堂："我还记得在国会里看到头发花白的人，全神贯注在他们手上的小推盘。"当时在国会担任观察员的数学家冈特（Sigmund Gunter）这样说。国际上弥漫的这股解谜热潮在 1880 年左右达到高峰，不久之后就突然消退。因为一个精细的数学分析揭露了，这个谜题根本无解。

这个分析根据的正是奇偶原理。在这里，要正式运用奇偶概念之前，还需要更多的准备工作。相关的论证如下：令 n_f 代表空格在第几行，n_i 是某组方块排列形式的倒置个数。只要数字大的方块位置在数字小的方块之前（如果某一行的左上方是空格，就让空格逐行移到右下方），就称为倒置。有趣的是，在按部就班进行之下，$n=n_f+n_i$ 的奇偶性会保持不变。若对任何一种方块布局，n 必为偶数，则按部就班推移出来的所有结果的 n 值，也一定是偶数。这当然需要进一步解释。为什么会这样呢？

首先，把方块水平移动，既不会改变空格所在的行的位置，也不会影响倒置的总数，所以 n 保持不变，这是一个简单的开始。

其次，如果把方块垂直移动，会发生什么事？我们就假设方块 a 在空格的上方，而 b、c、d 的位置如图 28 所示。

	a	b	c
d	空格		

图 28　推盘游戏的分析

如果现在把 a 推到空格，就改变了空格行数的奇偶性。那么倒置的总数有没有改变呢？这个动作只改变了 a、b、c、d 之间的相对位置。但所有其他两两之间的关系保持不变。若 (a, b) (a, c) (a, d) 都没有形成倒置，即表示 b、c 和 d 全都比 a 大，那么把 a 移至空格，就导致 3 个额外的倒置，亦即添加了奇数个倒置。如果 b、c、d 当中刚好有一个比 a 小，就是有一个倒置，而把 a 移至空格之后，新的位置就相对提供 b、c、d 两个倒置。在这个情况下，n_i 的变化为 1，仍是奇数。剩下的两个情形（即 b、c、d 的其中两个或三个小于 a），也会改变 n_i 的值，而且变化值使得 n_i 成是奇数（即 -1 或 -3）。所以 n_f+n_i

这个和的变化值永远会是偶数，于是 $n=n_f+n_i$ 的奇偶性维持不变，不管你怎么移动方块。

以上就是主要的论证重点。若想让论证更充分，只须注意初始位置的 n 值是 5，因为 $n_f=4$，且 $n_i=1$，而最终目标的 n 值会变成 4，因为 $n_f=4$，且 $n_i=0$。初始位置和最终目标状态的 n 值，奇偶性不同，因此不可能按部就班地从一种排列推到另一种。

这就是推盘游戏的解法——是个高难度的鉴赏等级论证：它的艺术性不在其复杂，而在于巧妙运用奇偶原理之前的准备工作。这是个深具教育价值的最佳范例：如果你像我们一样，在数学的道路上随时睁大眼睛，就会经常碰到意外的惊喜。

狄利克雷原理

完全的无序是不可能的。如果 $n+1$ 个对象要任意存放在 n 个格子内，至少会有 1 个格子放了 2 个物件。

如同弗兰克对上萨洛尼卡（Saloniki）球队的比赛一样，
总要有两或三个人才能阻挡他。
如果只有一人防守，就挡不住他，或者就只能犯规，
但这也给其他队友提供了机会。若是有两人防守弗兰克，
就必须有一个人自由防守。

——对巴伐利亚球队经理乌利·赫内斯（Uli Hoeneß）的访问
《南德日报》，2007 年 12 月 21 日

我们每天都会经历各种不同程度的混乱状况。我们的人生一直处在井然有序与最大失序的拉扯之中。

根据哲学家斯宾诺莎（Spinoza）的定义，秩序是一种主观的类别，而不是客观的系统性质。就像美丽是主观的观念，秩序也是。尽管如此，科学还是发展了一种量度，来测量秩序，更确切地说，应该是测量失序，做出客观的量化。这个量度就是熵（entropy）。entropy 这个词是从希腊词 entropia 而来，把这个词拆开来看，en = "在"，而 tropi = "变化"。大体上，我们可以为系统的每个状态指定一个熵值。粗略来说，熵值低代表高秩序；熵值高，则代表低秩序，或说是高乱度。

搅拌布丁的真实状况

"当你搅拌着米布丁的时候，里面的果酱会任意扩散且形成红色的轨迹，就像我的天文图中的流星轨迹。但如果你反方向搅拌，

果酱就不会继续混合了。事实上，布丁不会注意到这个变化，而仍然像之前一样呈粉红色。"

——汤姆·斯托帕德（Tom Stoppard）：《世外桃源》（*Arcadia*），第1景第1幕。这部剧作中，熵的主题出现在好几个地方。

无序的最大限度在哪里？让我们再从数学的角度来解释此问题。组合数学中的拉姆齐理论（Ramsey-Theorie），就是在探讨有序和无序之间的关系，尤其是在大型系统中（无论是宴会上的人群、位于平面上的点或者是夜空中的星星），是否存在高度规律的模式。若以白话来说，拉姆齐理论的含意就是：并没有完全的无序。心理学家荣格（C. G. Jung，1875—1961）也说过："在每个混沌中都有个宇宙，在每个无序中都会隐藏着秩序。"

说得专业和正式一些：如果把足够大的系统任意分割成有限多个子系统，则至少会有一个子系统带有某种秩序。就这方面来说，拉姆齐理论研究的问题就是，在何种情况下，可在无序的大系统中找到有序的区域。在足够大的基本数量下，不论对象如何混乱，里面始终存在一部分是具有组织、有秩序的。应用拉姆齐理论的标准情况，是去找出保证会有某种性质存在的最小集合。

以下是个很容易处理的例子：必须找来多少人，才能保证至少有两人在同一天（不必同一年）生日？答案非常简单；因为包括2月29日在内，总共有366天，所以你必须找367人，这样就可以保证至少有两人的生日在同一天，不管是这群人中的哪两人或是在哪一天生日都无所谓。如果只有366人，无法百分之百肯定其中有人同一天生日。有可能这366人的生日碰巧都不同天，也就是生日都不重叠，虽然这种可能性微乎其微。但如果是367人，就能百分之百确定至少会产生一个重叠的生日。

下面要讨论的问题，是拉姆齐理论的另一个原始问题，只不过披上了不同的外衣。

友谊社会学

数学联队的统计小组成功达成了下面的陈述：任意选 6 个人出来，则其中总有 3 人彼此是朋友，或是其中有 3 人互不认识。在此，友谊是指一种对称的关系：如果 A 是 B 的朋友，B 也是 A 的朋友。

我们应该把这盛赞为了不起的社会学大发现吗？

完全不必。这只是 6 人小团体很普遍的数学性质。

在我看来，最简单的解释方式是把相互关系画成图形：图中的点代表人，如果两人彼此是朋友，对应的两点之间就连黑线，若两人不是朋友，则连灰线。图 29 画出了安东（A）、彼特（B）、卡尔（C）、唐纳（D）、恩斯特（E）与弗里茨（F）之间的朋友关系。

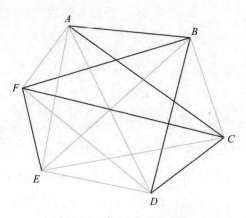

图 29　6 个人之间的关系图

安东、唐纳和恩斯特互不相识，图中也呈现出这件事。在 6 人的情况下，每个顶点都可画出 5 条边，所以共有 6 × 5=30 条边。如果照这样计算，每条边都会重复算两次，因为从 A 开始到 B 结束的线段和从 B 开始到 A 结束的线段是一样的：它描述了 A 和 B 的关系是或不是朋友。考虑到这一点，在 6 人的关系图中只有 15 条边。每条边可以是灰线或黑线，不受其他的边影响。因而在 6 人之间，共有 2^{15} 种不同的关系模式。统计学家注意到，不论怎么画，图中始终会有一个单一颜色的三角形。在图 29 中，它是顶点为 A、D、E 的三角形。那为什么这会是普遍的状况？

答案可以利用下列的方式找到：假设 P 是集合 {A，B，C，D，E，F} 中的元素，也就是图上的其中一个顶点。从 P 连出去的 5 条边，必有至少 3 条同色（例如灰色）。假设我们把这 3 条灰线连到 Q、R、S 三点。如果 QR、RS、QS 的其中一条为灰线（譬如 QR），我们就会有一个灰色三角形，即 PQR。若 QR、RS、QS 都是黑色，显然就形成了黑色三角形。所以，一切再清楚不过了。因此这个"了不起"的社会学大发现，其实就只是图形结构上一种简单但需要知道的数学事实。这意味着，即使整体看来是无序的，仍一定会有某种局部秩序。这个定理有时也被称为"友谊定理"。

你也可以把它变成一个游戏：譬如古斯塔夫·西蒙斯（Gustavus Simmons）设计的游戏 SIM。这个游戏需要两名玩家，我们称之为灰与黑，游戏在木板上进行，木板上有 6 个点（顶点）。每个点都经由一条未着色的线段（边）连到其他的点。游戏就是由灰方和黑方轮流在线段填上"自己的"颜色。玩家的任务是不要让自己的颜色形成一个三角形。谁做出这种单色三角形，谁就输了。

我们上述的想法显示，这个游戏不会出现平手的状况。欧内斯特·米德（Ernest Mead）和他的同事们甚至证明，在完美的情况下，第二个玩家一定会赢。不过，这个游戏到目前还没有容易记住的必胜策略。

我们回过头把几个想法再思考一遍：就像前述的生日问题，友谊定理的基础概念其实用到了下面这个简单的事实：

如果有 $n+1$ 个东西要分配到 n 个抽屉，那么至少会有一个抽屉放了超过一个东西。

或者说得稍微复杂些：

如果有超过 k·n+1 个对象要分配到 n 个抽屉，至少会有一个抽屉放了超过 k 个物件。

这就是狄利克雷的抽屉原理，也称为鸽笼原理。不需要庞大的深思熟虑，随手可得。几乎不需要解释，而且几乎跟富比尼原理一样有用。

这个原理连小朋友都可以理解。在友谊定理中，这个原理就变形成："从一点 P 连出去的 5 条边，至少会有 3 边同色。"在这里，n=2，而 2 个抽屉就相当于 2 种颜色。上述的 5=2×2+1 条边，相当于要放进抽屉的对象，也就是要着色的边。然后，至少有一个抽屉放了超过 2 条边，亦即至少有 1 个颜色出现超过 2 次。

下面这句叙述是另一个例子：在 n 个人组成的群体中，至少有 2 人在这群人里认识的朋友数是一样多的。这件事并不是一下子就能明白的，你可以回想一下鸽笼原理，还有以下这件事：如果 n 个人中的每个人的朋友人数都不同，这样就必有一人会有 n-1 个朋友，而且有一人会有零个朋友。这两个情况不会同时成立。因此，我们无须讨论。

鸽笼原理给人的第一印象是简短、没什么用处。少于 3 人时，至少 2 人同性别。如果 10 名儿童前往耶路撒冷，但只有 9 把椅子，会有 1 个孩子没椅子坐。然而，鸽笼原理虽然简单，应用却非常广泛，带出极为丰富的结果。在实际应用时，有两个步骤必须先厘清。

1. 确定你想要描述什么对象；其中有至少某个数量会带有某种性质。

2. 确定你想要把对象放进什么样的抽屉，也就是某组类别；性质相同的对象永远要放进相同的类别，而且每个对象至少属于其中一类。

对象与抽屉都确定之后，接下来就只取决于相对数目了。如果对象比抽屉多，那么至少会有一个抽屉装两个对象，因此在这种情况下，至少会有两个对象具有相同的性质。这个事实本身没有令人不安，但适度应用它，我们可以做出许多有趣的结果。这个原理在简单和深刻之间搭起了桥梁。

⑤

排容原理（取舍原理）

我们能不能从比较容易计数的子集合，来算出某个集合中的元素个数？

本台机器可以辨识出你每次投入的空瓶数量。

——柏林 Kaisers 超市饮料空瓶回收机上的告示

　　在许多关于形式思考的问题里，数量的计算扮演了重要的角色。这表示我们要去算出具有某些性质的对象的个数。是的，计算！"请告诉我天上有多少颗星星……"即使像数算这么基本的程序，都可以是实施巧妙数学方法的起点。在数学术语中，我们把集合的大小称为基数。数学家康托尔（Georg Cantor，1845—1918）把集合定义为"我们的直观或思维明确定义出来的一群对象所形成的全体——这些对象称为集合的元素"。有时候我们所碰到的问题，就是要定出集合 M 中的元素个数，而这些元素会具有 E_1，E_2，E_3 …，E_n 这几个性质中的至少一项。若 A_i 是 M 的子集合，每个 A_i 里的元素具有性质 E_i，则上述问题就变成是要定出集合 A_i 的联集的基数。利用数学符号来表示就是：

$$|A_1 \cup A_2 \cup \cdots \cup A_n|$$

　　在这里，符号 $\cup$ 代表两个集合的联集，而符号？ $|A|$ 则代表集合 A 的基数。

　　在某些情况下，很难直接定出基数的值，但是相较之下，则不难找出集合 M 中有多少元素至少具有上述性质中的一种性质（此个数就是基数？ $|A_i|$）、有多少元素至少具有其中两个性质（即基

数？$|A_i \cap A_j|$）、有多少元素至少具有其中三个性质（即基数？$|A_i \cap A_j \cap A_k|$）等等。符号 $\cap$ 代表交集。最后，我们可以把具有至少一种上述性质的集合 M 元素的个数、至少具有第一、第二、第三等等性质的元素个数，以及同时具有其中多个性质的元素个数，这三者间的相互关系写出来。

有时我们所碰到的问题，是要找出不具有 E_1, E_2, E_3, $\cdots$, E_n 当中任一性质的元素个数。由下面这个关系式：

$$| \text{非} A_1 \cap \text{非} A_2 \cap \cdots \cap \text{非} A_n | = | M - (A_1 \cup A_2 \cup \cdots \cup A_n) |$$
$$= | M | - | A_1 \cup A_2 \cup \cdots \cup A_n |$$

可知这个问题跟前面谈到的问题是密切相关的。"非 A"是表示集合 A 的补集（或称余集），也就是宇集中不属于 A 的所有元素所成的集合，而两个集合的差集 $A-B$，则代表属于 A、但不属于 B 的元素所成的集合。

以下是一些关于计数的基本原理，这些原理不言而喻，包括：

·由对象组成的每个群组 M，都可指派一个数 $|M|$，称为 M 中的物件个数，或 M 的基数。

·若 $M = A \cup B$ 和 A 以及 B 没有重叠，亦即没有包含共同的元素，则 $|M| = |A| + |B|$。

第一项原理就在说，计数是有意义的。第二项原理是说，我可以借由计数来建立不同的群组，然后计算各群组的大小并且能够加总。这就是"分治法"。应该没有人会对这个关于计数的指导原则有所疑问。

康托把集合描述成一群对象所形成的全体，似乎是很合理的定义，很难想象这会惹来什么麻烦。然而事实还真是如此，现在就要来谈谈。我们将会看到，在康托看似不寻常的集合世界里，突然冒出了传统逻辑无法理解的现象。

如果一个集合是一堆对象的集合体，那么它本身也是一个对象。我们能够把这样的对象聚集起来，组成所有集合的集合吗？

令人吃惊的是，不能这样做！所有集合的集合，在概念上是矛盾且毫无意义的。这是为什么呢？我们暂且假设，所有集合的集合是个有意义的结构。我们令它为 K。若 K 是有意义的结构，它就会是一个集合，因此它自己也是包含在集合中的元素。于是，就有了包含自己的集合。当然也有一些集合，并没有包含自己（这些就是我们熟悉的集合），譬如偶数集合。现在，我们把这些集合全加在一起。简言之，我们又引进了一个集合 N，是由没有包含自己的所有集合所组成的。如果这两种"所有集合的集合"都是有意义的概念，那么 N 当然是 K 的子集，换句话说：N 是 K 的元素。

现在，关键且复杂的问题来了：N 是不是 N 本身的元素？N 是 N 自己的元素；N 不是 N 的元素。请把不符合的答案删去！

假设是第一种情况，那么"N 不包含 N"也必定同时成立，因为按照 N 的定义，N 只能包含那些不包含自己的集合。所以我们只好断定：N 不是 N 自己的元素，于是得到矛盾。因此最初的假设，即 N 是 N 自己的元素，就是错的。

同样地，在相反的假设下，N 不是 N 的元素，所以 N 不会包含自己。但其实 N 仍包含在 N 之中，因为根据 N 的定义，N 所包含的那些集合都没有把自己包含在内。我们的论证又再次得到矛盾。

禅与处理矛盾的艺术

有限的数显然可用有限个字母来代表。譬如 19 这个数，可用德文来表达成 Neunzehn（19）、Fünfzehn plus vier（15 加上 4）或者是 größte Primzahl kleiner Zwanzig（小于 20 的最大质数）。

即使是非常大的数，譬如 10 亿，也都能用 29 个德文字母来表达（即 Tausend hoch Tausend hoch Tausend，意思是"1 000 的 1 000 倍的 1 000 倍"）。那下列的 n 是什么数？

令 n 是不超过 100 个符号所能表达的最小的数。(Es sei n die kleinste Zahl, die sich nicht mit weniger als 100 Symbolen definieren lässt.)

上面这个德文句子刚好用了 77 个符号，不到 100。所以我们可以用少于 100 个符号来描述 n，虽然 n 已经明确定义了，但事实并非如此。在可用言语形容与无法用言语形容的交界处，就产生了一个悖论。

这个"难以定义之数的悖论"，可追溯到一位姓名叫贝里（Berry）的图书馆员，他后来向数学家兼哲学家罗素求助。这是最后引发古典集合论基础危机的诸多悖论之一。这个悖论让我们再次意识到，关于"集合"这概念的单纯定义，会导致逻辑困境。

我们想建构出所有集合的集合，结果陷入了逻辑矛盾。这个矛盾的状况就以罗素来命名，称为罗素悖论。

这个悖论也可以用不那么正式的说法来描述：有位理发师负责替村庄里不刮自己胡子的男士刮胡子，而且只帮这些人刮胡子，那么这位理发师该为自己刮胡子吗？这是个古老的集合论难题。另一个较少人提及的版本，是这么说的：有一本手册，列出了所有没把自己列入的手册，而且只列出这样的手册，那么这本手册有没有把自己列进去？

我们已经看到，从康托给的不起眼的定义所建构成的集合，竟会自相矛盾。这是不是表示数学是不一致的？我们应该把所有的数学家培训成哲学家吗？先不用这么快下定论！所谓的"公理化集合论"，就采用了不同于康托的方法来探讨集合的概念。它是从一些基本公理，定出处理集合的规则，想办法让那些逻辑上没有意义的实体，譬如所有不包含自己的集合所成的集合，根本不会出现。

计数有时候并不容易。关于这一点，从下面这个问题你就能感受到：在 49 选 6 的乐透中，从 1 到 49 选出 6 个号码的可能组合共有多少种？当彩券公司开出中奖号码 Z_1，Z_2，…，Z_6 时，至少中一个号码的可能组合有多少种？对现阶段来说，这些都不算简单的问题。

计数绝对可以成为一门艺术。处理这种艺术形式的数学分支，正是组合数学。组合数学的目的之一，是替复杂的计数问题发展出精巧、尽可能普遍适用的计数策略。针对这些目标，有不少时而简单、时而复杂的方法。这些策略都是巧妙的计数法，不需要太多的步骤。

有时候，改变一下计数方法是相当有用的。如果发现要计数集合里具有性质 E 的对象会有困难，我们可以试着计数那些没有性质 E 的对象。譬如像刚才提到的，想要算出至少中一个号码的所有可能的彩券组合，似乎就属于这一类的问题，因为你必须算出刚好中一个号码的所有组合数、刚好中两个号码的所有组合数，以此类推。我们也可以用比较简单的方式，先算出六个号码都没有中的所有组合数，然后用所有可能的组合数减掉这个数。

下面是组合数学的另一个基本原理：如果做某件事需要前后两个步骤，那么完成这件事的方法总数，就等于第一个步骤可采用的方法数与第二个步骤的方法数相乘的乘积。这个法则称为乘法原理，推展到 n 个步骤的情形时也能适用。

组合数学中还有一个做法，就是前面提过的分治法。在这种情况下，我们会把欲计数的集合分割成几个容易处理、互不重叠的子集合，算出子集合的大小，最后再加总。这就是加法原理。

图 30 所画的情形，就是把集合 A 分割成三个互不重叠的子集合

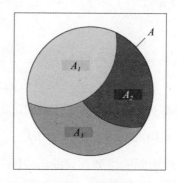

图 30　集合 A 为三个互不重叠的集合的联集

A_1、A_2、A_3。这些集合的基数可以写成下列的关系式：

$$|A|=|A_1|+|A_2|+|A_3|$$

我们接下来要看的问题，它的解法通常对我们很有用。如果有个包含 m 个元素的集合 M，显然我可以问这样的问题：若不考虑抽取顺序，我可用多少种方法从这个集合里抽出 k 个元素？不考虑顺序的意思就是指，抽出的序列不管是 e_1，e_2，e_3，…，e_k 还是 e_2，e_1，e_3，…，e_k，是没有差异的。刚才提到的乐透彩中奖号码组合数问题，显然就属于这类问题。在这个问题中，$n=49$，而 $k=6$。对彩券来说，开出号码或玩家选号的顺序是没有影响的，重点是开出了哪些号码或玩家选了哪些号码。

假设我们从集合 M 的 m 个元素中选出了 e_1，e_2，e_3，…，e_k，e_i 代表不同的元素，而且不考虑选取的顺序，我们现在就来逐步算出总共有多少种选法。首先，我们计算有按顺序排列的总数：一开始时，选出元素 e_1 的可能选法有 m 种，于是要选出 e_2 时，只剩下 $m-1$ 种可能，以此类推，等我们选到 e_k 时，只有 $m-k+1$ 种可能的选法。由于

这些选择是一个接一个按照顺序发生，利用上述的乘法原理，就可写出下面这个数：

$$m \cdot (m{-}1) \cdot (m{-}2) \cdot \cdots \cdot (m{-}k{+}1)$$

请注意，这就是从集合 M 依序（！）选出长度 k 之元素序列的可能选法。我们完成了第一步，不过还没有达到真正的目标。我们的确算出了按顺序选择有几种选法，但我们多算了，有很多是"误算"。任选 k 个元素的任何一种排列，都算作一个独立的序列，但因为我们说过不考虑顺序，所以不同的排列都只能当成同一种组合。

在第二个阶段，我们要来修正一下初步的计数结果。为此，我们就需要知道，选出的这 k 个元素有多少种排列方法。如果可以替这些元素编号，那么第一个元素就有 k 个位置可选，第二个元素就剩下 $k{-}1$ 个位置可选，一直到第 k 个元素，只有一个位置可选。由乘法原理可知，总共会有 $k \cdot (k{-}1) \cdot (k{-}2) \cdot \cdots \cdot 2 \cdot 1$ 种排列方式。通常我们会把前 k 个自然数的乘积，简写成 $k!$（k 后面接着一个惊叹号，念作 k 阶乘）。我们的想法就是：若排列顺序无关紧要，那么选取出的元素的这 $k!$ 种排列法，就只能算成同一种。于是我们就得到：

$$m \cdot (m{-}1) \cdot (m{-}2) \cdot \cdots \cdot (m{-}k{+}1) \,/\, [\,k \cdot (k{-}1) \cdot (k{-}2) \cdot \cdots \cdot 1\,]$$

分子分母同乘上 $(m{-}k)!$，就可以写成更简洁的形式：

$$m! \,/\, [\,k! \cdot (m{-}k)!\,]$$

最后这个数学式，我们可以简写成 $B(m, k)$ [①]。因此，$B(m, k)$ 这个数就代表如果我要从 m 个不同的对象中，不计顺序随意选取 k 个对象，可有多少种选法。我们把 $B(m, k)$ 称为二项式系数，它在数学的各领域中，例如在二项式的公式中，扮演了重要的角色。有了这个式子，我们就可以将 $(x+y)^m$ 这个表式展开，其中 m 为任意自然数，而 x、y 为任意数：

$$(x+y)^m = (x+y) \cdot (x+y) \cdot (x+y) \cdot \cdots \cdot (x+y)$$

相乘的时候，你必须从 m 个二项和 $(x+y)$ 的每一个，选出 x 或是 y 来相乘，最后再全部加总起来。若选了 k 个 x，那就有 $(m-k)$ 个 y，所以就产生了 $x^k y^{m-k}$ 这一项。不论怎么选，只要有 k 个 x 与 $(m-k)$ 个 y，就会产生这样的被加项。我们可以清楚看到它和二项式系数之间的关联。因此，$x^k y^{m-k}$ 这个被加项会出现 $B(m, k)$ 次，而对于从 0 到 m 的每个 k，我们都能写出这样的被加项。

这就表示：

$$(x+y)^m = B(m, 0) x^0 y^m + B(m, 1) x^1 y^{m-1} + \cdots + B(m, m) x^m y^0$$

若把 $x=-1$ 和 $y=1$ 代入这个方程式，会出现非常漂亮的结果，这正是二项式系数的第一个应用；稍后我们还会提到这里的方程式。把 $x=-1$ 和 $y=1$ 代入后，会得到：

$$B(m, 0) - B(m, 1) + B(m, 2) - B(m, 3) + \cdots (-1)^m B(m, m)$$
$$= 0^m = 0, \quad m = 1, 2, 3, \cdots \tag{9}$$

---

① 编按：我们比较熟悉的写法是 mCk、C_k^m、$C(m, k)$ 或 $\binom{m}{k}$

若代入 $x=1$ 和 $y=1$，得到的结果一样很有用：

$$B(m, 0)+B(m, 1)+B(m, 2)+\cdots+B(m, m)=2^m \qquad (10)$$

散文风格的数学

既然我们现在已经认识二项式系数了，那么就能替我们在导言中提到的等式 $1^3+2^3+3^3+\cdots+n^3=(1+2+\cdots+n)^2$，给个像散文般的证明。我们要用一段医疗小故事来解释，这并不是什么重要小说家的悬疑作品，而只是漂亮、慧黠的数学证明。即使如此，它本身已经很有价值了。

K 先生必须住院 $(n+1)$ 天。这期间他必须接受 4 项医学检查，姑且把它们称为 A、B、C、D。项目 A 必须在其他项目之前先做，而且需要一整天。至于 B、C、D 三项，就没有什么其他的限制：可以依照任何顺序进行，也可在同一天做检查，做几项都行。请问进行检查的所有方法有多少种？我们可以先设定项目 A 在哪一天做。假设 A 在住院期间的第 k 天进行，那么做其他检查的可能方法就有 $(n+1-k)^3$ 种。k 这个数可以从 1 到 n，所以总和就是：

$$(n+1-1)^3+(n+1-2)^3+(n+1-3)^3+\cdots+1^3=1^3+2^3+3^3+\cdots+n^3$$

也可以换一种算法（这就是富比尼原理！）来算一算有多少种可能方法：我们可以算出 3 种彼此不重叠的情况。第一种：做完 A 后，B、C、D 三项都在不同天做检查，所以有 $3!\cdot B(n+1, 4)$ 种做法。第二种：B、C、D 三项当中有两项在同一天做，所以有 $3\cdot 2\cdot B(n+1, 3)$ 种做法。第三种：B、C、D 全都在同一天进行，因此有 $B(n+1, 2)$ 种可能的做法。加在一起，就有：

$3! \cdot B\,(n{+}1,\ 4)\ +6{\cdot}B\,(n{+}1,\ 3)\ +B\,(n{+}1,\ 2)\ =\ [\,n\,(n{+}1)\,/2\,]^{\,2}$

种可能的检查方法。现在轮到高斯上场了：即 $n\,(n{+}1)$ /2=1+2+ ⋯ +n。因此，就有 $(1{+}2{+}\cdots{+}n)^{2}$ 种不同的做法。由于两种算法是在计数同一件事情，所以我们证明了所求的方程式。

有时候世事并不如意，我们所碰到的计数问题无法靠着加法原理来简化。一开始的集合 A，有可能无法拆成互不重叠的子集合；如果能拆，问题还比较容易处理。不过，我们至少可以把它拆成部分重叠、但又容易算出基数的子集合。图 31 描述了子集合部分重叠的情况。

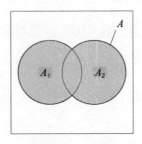

图 31　集合 A 的部分重叠子集合

在这种情况下，你必须考虑重叠的影响。在最简单的情况下，这几乎没有影响。若只有 A_1 和 A_2 两个子集，它们的基数（即元素个数）始终存在有下列的关系式：

$$|A_1 \cup A_2| = |A_1| + |A_2| - |A_1 \cap A_2|$$

在这个等式中，我们已经能看到排容原理了。若只由 $|A_1|{+}|A_2|$ 来估计 $|A_1 \cup A_2|$ 的基数，则会高估，因为交集 $A_1 \cap A_2$ 中的元素一共计算了两次。因此，交集的基数 $|A_1 \cap A_2|$ 要减去一次，这样就可把重复计数的元素扣除掉。做完了！

下一个情况比较复杂，就没那么容易理解了。它几乎已经具备了一般情况的各方面。它是个更富启发性的案例，因此我们要仔细研究一下。

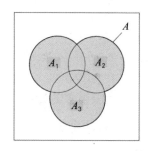

图 32　三个部分重叠的集合与它们的联集

如图 32，集合 A 是三个子集合 A_1、A_2、A_3 的联集，且任何两个子集合的交集不可能为空集合。在这里，集合 A 的基数的算法也不再是把 A_1、A_2 和 A_3 的基数直接相加。如果相加，你会发现交集 $A_1 \cap A_2$、$A_1 \cap A_3$、$A_2 \cap A_3$ 中的许多元素算了两次，而在所有三个集合的交集，即 $A_1 \cap A_2 \cap A_3$ 中的元素算了三次。情况似乎一团乱。尽管如此，你还是可以说出下列的式子：

$$|A| = |A_1 \cup A_2 \cup A_3| \leqslant |A_1| + |A_2| + |A_3|$$

因此我们必须再次下修这个总数，要算一算集合 A 中被重复计算了一次和两次的元素个数。我们最好是一步步来。

当我们把两两交集的基数从 $|A_1| + |A_2| + |A_3|$ 中扣掉，会有什么影响？这样的话，会得到下列的式子：

$$|A_1| + |A_2| + |A_3| - |A_1 \cap A_2| - |A_1 \cap A_3| - |A_2 \cap A_3| \qquad （11）$$

于是下图浅灰色区域中（如图33）的每个元素只会计算一次，就像它本来该有的样子。

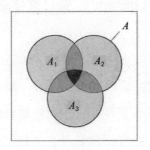

图33　三个集合的排容原理

中深灰色区域的元素，在 $|A_1| + |A_2| + |A_3|$ 这个总和里起先被算了两次，但经由减去交集的基数，所做的修正是成功的，因为各扣掉一次之后这些区域就刚好只算了一次。到目前为止，一切都很好，只剩下 $A_1 \cap A_2 \cap A_3$ 当中的元素还有问题没解决，因为这些元素在起初加总时算了三次，是 A_1、A_2、A_3 每个集合的一分子。它们同时也是 $A_1 \cap A_2$、$A_1 \cap A_3$、$A_2 \cap A_3$ 这三个交集的一分子，因此在刚才的修正里又被扣掉了三次。所以，上面的（11）所呈现的计数式子，并没有把这些元素算进去；换言之，（11）式低估了 A 的基数。根据目前的结果，我们可以写出：

$$|A| \geq |A_1| + |A_2| + |A_3| - |A_1 \cap A_2| - |A_1 \cap A_3| - |A_2 \cap A_3|$$

现在显然要把（11）式再做下列的修正，才能正确代表集合 A 的元素个数：加上三个集合的交集 $A_1 \cap A_2 \cap A_3$ 的基数。于是，我们得出下列的方程式：

$$
\begin{aligned}
|A| &= |A_1 \cup A_2 \cup A_3| \\
&= |A_1| + |A_2| + |A_3| \\
&\quad - |A_1 \cap A_2| - |A_1 \cap A_3| - |A_2 \cap A_3| \\
&\quad + |A_1 \cap A_2 \cap A_3| \tag{12}
\end{aligned}
$$

这就是图 33 所要传达的信息，通过符号来表达。而这也是我们梦寐以求的 $|A|$ 方程式。

到目前为止，我们已经替可分成 3 个部分重叠任意子集的集合，做出了排容原理的公式。

这个用于计数的排容原理，对于判定集合的基数（即元素个数），是极有用的技巧，特别是在子集合及各子集间的交集的基数容易算出来的情形下。我们好不容易得出（12）这个方程式，现在准备好要应用到一般的情况。

最后一回合登场。我们现在必须跳脱 $n=3$ 的限制。我们希望能够算出任意集合 A_1，A_2，$\cdots$，A_n 的联集的基数，n 为任意自然数。排容原理也能适用，但重复计数的元素计算起来更加复杂，因此修正步骤会变得更多。一般化的排容原理，是我们必须发展出来的利器。根据 $n=3$ 的思考模式，我们可以继续写出以下的公式：

$$|A_1 \cup A_2 \cup \cdots \cup A_n| = |A_1| + |A_2| + \cdots + |A_n|$$

$$-|A_1 \cap A_2|-|A_1 \cap A_3|- \cdots -|A_1 \cap A_n|-|A_2 \cap A_3|- \cdots -|A_2 \cap A_n|- \cdots$$

$$-|A_{n-1} \cap A_n|$$

$$+|A_1 \cap A_2 \cap A_3|+|A_1 \cap A_2 \cap A_4|+ \cdots ? |A_{n-2} \cap A_{n-1} \cap A_n|$$

$$\cdot$$

$$\cdot$$

$$\cdot$$

$$(-1)^{n+1}|A_1 \cap A_2 \cap \cdots \cap A_n| \qquad\qquad (13)$$

这个式子还登不上大雅之堂。一眼看去全是符号，虽然还算有系统，但内容难以解读：我们要怎样解释它，要怎么在不会太费力的情形下验证它是对的？公式（13）显示，我们有必要把集合与基数好好组合一下，经由一点简短的说明，这个建构原则就清楚易懂了。首先，显然是把所有子集合 A_i 的基数相加起来。然后就像前面说过的，第一次修正就是要减掉所有两两交集 $A_i \cap A_j$ 的基数。正如我们所知，这样一来就会低于目标值。这情况虽然糟糕，但好处是现在我们很清楚该朝哪个方向前进。根据 $n=3$ 的情形，我们的下一步就是将三个子集合的交集 $A_i \cap A_j \cap A_k$ 的所有元素再加回来。结果，这又会加过头，因此必须把 4 个子集的所有可能交集的基数从方程式里扣除。如此重复这样的程序，一直做到最后一个修正，即所有子集合 A_i 的交集的基数为止。其实就是乍看起来一团乱的来回修正。

然而，这仅是个凭感觉的证明，现在要补充一点严谨度。我们该如何确定，在一切做完的时候，所有 A_i 的联集中的每个元素在整个式子里都恰好只出现一次？因为这正是我们的目标。

要回答这个问题，必须利用二项式系数这项重要的工具。假设某个元素 a 在 n 个子集合 A_1，A_2，$\cdots$，A_n 里出现了恰好 m 次。利用方程式（13）来计算，会算出几次呢？计数的结果如下：

$$m-B(m,2)+B(m,3)-\cdots(-1)^m B(m,m) \qquad (14)$$

这很容易说明：第一项来自 $|A_i|$ 的总和，第二项则来自所有两两交集之基数的总和。由于元素 a 出现在 A_1，A_2，$\cdots$，A_n 当中的 m 个集合里，它在两两交集中出现的次数，就会等于在不考虑顺序的情况下，从 m 个对象（即包含 a 的 m 个子集合）选取 2 个的所有可能选法。这正是 $B(m,2)$ 这个数。$B(m,3)$ 等项也可以如此解释。在超过 m 个子集合的交集里，元素 a 就不再出现了。

由（14）式，我们已经达到想要的目标了。剩下的就是要观察出，这个式子只不过是 1 这个数的复杂记法——你可以由前面提过的（9）式得出此结论，也就是要把（14）式改写成：

$$1-[1-m+B(m,2)-B(m,3)+\cdots(-1)^m B(m,m)]$$
$$=1-[B(m,0)-B(m,1)+B(m,2)-\cdots(-1)^m B(m,m)]$$
$$=1-0=1$$

如此一来全都考虑在内了。排容原理得证。

经过一番动脑之后，接下来我们要喘口气，体验一下这个新公式的用法。我们就马上应用所学到的知识，先看一个大家都熟悉的简单例子，再看一个别具启发性的大师级手法。

例：某班级的每个学生要在数学、折纸艺术、插花艺术三个科目中至少选修一科。

选修数学的学生人数 M 是 30。

选修折纸艺术的人数 O 是 40。

选修插花艺术的人数 I 是 100。

同时选修数学与折纸艺术的人数 MO 是 10。

同时选修数学与插花艺术的人数 *MI* 是20。

同时选修折纸艺术和插花艺术的人数 *OI* 是20。

选修全部三个科目的学生人数 *MOI*=5。

这个班级的学生人数 *N* 是多少？

我们立刻就能利用排容原理，算出：

$$N=M+O+I-MO-MI-OI+MOI=$$
$$30+40+100-10-20-20+5=125$$

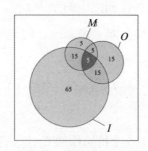

图34　排容原理在学生修课人数例子上的应用

最后，我们要请大家把注意力移到一篇男性健康杂志上的文章，这可称得上是让计数技巧大放异彩的应用，我们就以此当作本章的安可曲吧。"人在酒吧里却发现身上没钱？让朋友帮你付账吧！"格雷格·古费尔德（Greg Gutfeld）在《男士健康》杂志中写道，"让他洗好两副牌，然后并排放好。接着说明，你每次都会同时从每副牌的最上方取一张牌。然后和对方打赌，某个时候一定会出现一对相同的牌。"

直觉上，两张相同的牌在洗过的两副纸牌里要出现在相同的位置上，这似乎不太可能，但我们还是希望通过量化的思考，再做最终的判断。为了节省力气，我们使用一种不同的，但在逻辑上意义相同的表示方法：我们依序写下 1，2，3，…，52 这些数字。接着，我们把 1 到 52 任意排列，并写在刚才所写的那排数字的正下方。这样就好像我们是从帽子中随机抽出纸牌上的 52 个号码。然后我们必须问自己：在这两排数字中，两个相同号码出现在相同位置的概率有多大？如果相同的位置上都没有出现相同的数字，这样的排列我们就称为"错排"。

首先，我们注意到了一个明显的事情。从帽子里抽出数字的顺序一共有 52！种，因此会有 52！种不同的排列方法。这时候我们新的问题是：这些排列之中，错排占了多少比例？

针对这个问题，我们可用排容原理当作主要的处理工具。假设我们有一个集合 M，其中含有 $|M|$ 个对象，再假设当中有 m_i 个对象具有 E_1，E_2，$\cdots$，E_n 这 n 种性质之中的至少 i 种。因此，利用排容原理，我们就可以写出完全不具有 E_1，E_2，$\cdots$，E_n 这些性质的元素个数：

$$|M|-m_1+m_2-m_3+\cdots(-1)^n m_n$$

我们现在想把它用在其中一个特殊性质 E_k 上。你可以把数字 1，2，$\cdots$，52 的排列想成一个函数 f，而 $f(k)$ 就代表位在第 k 个位置的数字。若对于 1 到 52 所有的 k，都是 $f(k) \neq k$，这个排列就是错排。相反的，若 $f(k)=k$，我们就说此排列具有 E_k 这个性质。现在我们必须定出 m_i 这个数。整个推理都与前面谈过的二项式系数有关。我们选一组性质，其中有 i 个性质 E_k。很显然，对于这组选定性质之中的所有 i 个性质 E_k，亦即对 1 到 52 的所有 i 个 k 而言，$f(k)=k$ 必定成立。至于其他的（52-i）个位置，函数 f 则可以是其他的值；意思就是，会有（52-i）！种排列。但是，我们还需要至少有 i 个位置数字相同的所有排列数。所以，为了求出 m_i，我们只要把（52-i）！乘上从 52 个位置选出 i 个的可能选法，这正是二项式系数 B（52，i）。由此可得以下的方程式：

$$m_i=（52-i）! \cdot B（52，i）=（52-i）! \cdot 52!/〔i! \cdot（52-i）!〕=52!/i!$$

这是我们的求解之路上很重要的一段旅程。因此，完全不具 E_1，E_2，…，E_{52} 这些性质的所有排序的集合（即错排）个数，就是：

$$52!-52!/1!+52!/2!-52!/3!+\cdots+52!/52!$$
$$=52!\cdot（1-1/?1!+1/2!-1/3!+\cdots+1/52!） \tag{15}$$

请注意，（15）式括号内的式子，其实是下面这个代表 e 的倒数之无穷和的前 53 项：

$$\sum_{i=0}^{\infty}（-1）^i/i!=e^{-1} \tag{16}$$

（16）式中的 e，正是欧拉常数 2.7182…。如果我们用括号内的式子当作 e^{-1} 的近似值，会有一个很小的近似误差，误差小于无穷和的下一项，即 1/53！。因此，（15）式括号内的式子，是对 $e^{-1}=$0.36787946 的极好的近似值。因此，错排的个数为 52！· e^{-1}，而错排在所有可能的排列中所占的比例就是 e^{-1}。至少有一个位置数字相同的概率，会等于 $1-e^{-1}=0.6321 \approx 2/3$。结果，直觉上认为不太可能的事件，发生的概率竟然接近三分之二。排容原理虽然是这出数学戏剧的主角，但奥斯卡最佳男配角应颁给二项式系数。

能够成为数学家的十大征兆：

· 看到 e 时，会先想到一个数，然后才想到字母。

· 精通希腊字母，但不懂希腊文。

· 可以靠着手指计数到 1023（多亏了二进制数）。

· 曾经尝试用反证法说服交通警察，你的车并不是停在禁止停车区。

·如果要看漂亮的图片，宁愿找一本关于碎形的书来看，而不是去看色彩缤纷的周刊。

·知道几何级数的极限值，但不知道自己的腰围大小。

·看到分数这个词的时候，不会先想到考试。

·你知道：老数学家永远不会死，只是失去了一些功能[1]。

·认为复杂化可以把事情变简单。

·读完上述这些，但没笑出来。

---

[1] 编按："功能"是函数（function）的双关语。

6

相反原则

我们可否先假设某个断言的反面是对的，然后通过无懈可击的逻辑推导，得出与所假设事实矛盾的结论，以此来证明原本的断言是对的？

欧几里得最喜欢用的反证法，
是最精良的数学武器之一。
这比任何一个棋士所用的战术都来得高明。
棋手可能牺牲一个士兵或其他棋子，
但数学家可是牺牲整盘棋。

——哈第（G. H. Hardy）

今日特餐——没有冰激凌！

——瑞士山区一家餐厅的广告牌

"我没看见街上有人。"艾丽斯说道。
"真希望我有这样的眼睛。"国王愠怒地回道。
"什么人也看不见！而且是在这种距离下！我甚至可以在这种灯光下看见所有的人，只是要费点力！"

——卡罗（Lewis Caroll）:《艾丽斯梦游仙境》

如果你没错，你就对了。

——Sunny Skylar 歌曲 *Gotta be this or that* 中的一句歌词

　　反证法（归谬证法）是一种逻辑论证方式，通过证明发现一个说法之中包含矛盾，进而反驳。我们会证明，若假设这个说法是对的，就会导致逻辑上的矛盾，或是和一个先前已经认可的论点产生矛盾。

这个思考方式常用于数学上的间接证明法。间接证明或反证法的特点在于，并非直接推导出所要证明的叙述 A，而是利用反证法，推翻叙述 A 的反面，即非 A。会导致矛盾的假设，就是错的、可以被否定的。在二值逻辑中，每一个命题不是真就是假，原叙述的反面证明为假，就表示这个叙述本身为真。没有第三种可能。这叫作"排中律"。

早晨讲堂的相互辩证

"您说得不正确，但也不能说是不对。"

——物理学家泡利（Wolfgang Pauli）跟一个学生如此说

从原本要证明的叙述 A 的反面叙述非 A 来导出矛盾的结果，我们称为辅助式的演绎推理。演绎推理的涵盖范围和复杂度依情况各有不同。通过演绎推理，可能导出三种矛盾的结果。第一种矛盾是，最后得到的结论是"非 A"的反面，也就是可以从"非 A"推得 A。第二种是结论自相矛盾。第三种矛盾是，结论显然是一个错误的命题。

反证法具有以下的逻辑结构：

（1）叙述 A

　　演绎推理

（2）条件（或假设）非 A

（3）推论（没有明显的矛盾）

（4）推论（显然矛盾）

（5）关于叙述 A 的结论

逻辑论证是可以被学会的。但不注意一些事情的话，就有可能出错。所以现在我们先来仔细探讨何谓逻辑论证，以及逻辑论证的有效性。

所谓论证，就是指某个断言之所以成立的理由。结构上，论证是由一个或数个条件（前提）和一个推论（结论）组成。所以，论证是一组语句。重要的是，前提和结论都必须是被真值定义的语句，意思是这些语句不是真，就是假。亚里士多德将命题定义为语言结构，非真即假。

以下便是几个命题的例子：

"我是柏林人。"[①]
"如果他们还没死的话，仍幸福快乐地活到现在。"
"鸽子很讨厌。"

以下的语句则不是命题：

"请移驾至公园街。"
"千万别相信您是谁。"
"如果你做了这件事，便能得到上帝的怜悯。"
"这个句子是错误的命题。"
"12 码罚球。"
"1/0=2。"（这不是命题，因为 1/0 在数学上没有定义。）
"如果结束就好了。"

论证具备推理的特点。一个论证的逻辑有效性，可以用"若……则……"的关系式来表达。如果一项论证的条件句皆为真，那么结论必定也为真。意思就是，真确性从条件转移到结论。如果一个论证是有效的，那么结论的真确性必定得自前提的真确性。如果有效论证的前提皆为真，那么其结论必定为真。

---

① 译注：此句一语双关，也可以读为"我是一个甜甜圈"。Berliner 既指柏林人，也指德式甜点甜甜圈。

重要的是，在一个有效的逻辑论证中，仅仅只有下面这种情况不会出现：所有前提皆为真，但结论却为假。前提和结论真假值的其余组合，在有效的逻辑论证中都有可能存在。如果其中一项前提为假，那么结论有可能（但不一定）为假；相反的情况也有可能存在。前提和结论的真假，并不保证论证是不是有效的。我们必须分清命题真值与论证有效性之间的差异。下面是几个例子：

a. 前提和结论均为假的有效论证

前提 1：所有的哺乳动物都能飞。

前提 2：所有的马都是哺乳动物。

结论：所有的马都能飞。

b. 前提和结论均为真的无效论证

前提 1：所有哺乳动物皆有一死。

前提 2：所有的马皆有一死。

结论：所有的马都是哺乳动物。

最后我们用一个幽默的、和实际情况相关的例子，当作这段补充的结尾。某天，福尔摩斯和华生医生去露营。在一块林中空地上他们架起帐篷，进入梦乡。夜里福尔摩斯将华生叫了起来："华生，你抬头看看，然后告诉我你看到什么。"

华生回答："我看到数不清的星星。"

福尔摩斯："你得出什么结论？"

华生思考了一会儿，然后说："从天文学来看，这表示一定有上百万的星系以及数十亿的星星。就占星术而言，显示土星落在狮子宫。就时间上，现在是半夜 3：15。神学上的意义是，和伟大的上帝相比我们是如此微不足道。从气象学看，明天有可能是晴天。福尔摩斯你有什么结论？"

福尔摩斯沉默片刻，便说道："华生你这个笨蛋。这表示有人偷了我们的帐篷。"①

现在回到反证法。我们能够推翻其相反命题，来证明一个命题。若可以用一个有效的论证，得出错误的结论，就能证明这个相反命题是错的。因为假如相反命题为真，那么结论也必定为真。这可说是数学史和哲学史上十分古老的论证手法，可回溯至古希腊时代。

反证法的著名例子，就是伽利略用来反驳亚里士多德的论证。亚里士多德认为重的物体坠落得比轻的物体还要快，伽利略不那么认为。在《关于两门新科学的对话》一书中，伽利略用了一个思想实验来论证：假设重的物体比轻的物体掉得快，那么将两个物体用一条无重量的绳子绑在一起之后，坠落速度应该介于轻、重两者之间。因为重的物体会将轻的物体一同往下拉，使它加快，而轻的物体会拖住重的物体，让它放慢。但另一方面，两物体绑在一起的总重量却比重的物体还要重，坠落速度理应比重的物体来得快。这就是出现矛盾了。所以原先的假设是错的，轻、重两个物体的坠落速度并没有快慢之分。唯有假设两物体掉落得一样快，矛盾才会真正消失。这是用无比优雅、纯凭抽象思考的证明方法，来证明落体的性质。没有任何实验，一点实际操作的迹象也没有，只有逻辑推理。

---

① 英国科学协会（British Association for the Advancement of Science）在一个为期三个月的网络票选中找出全球最好笑的笑话。大约有来自 70 个国家和地区，一共 10 万民众参与投票。在 1 000 则笑话之中，有 47% 的人把票投给以上这个笑话。但它真的那么好笑吗？我不知道。期待世上最好笑的笑话时，却读到上面这段，就好像跟史上最伟大的一级方程式赛车手约见面，来的不是舒马赫（Michael Schumacher），却是一个全德汽车俱乐部（ADAC）会员。

第二个反证法的例子比较现代，不只是近代的，而且还具有未来感：有个程序设计师宣布自己设计了一个下棋必胜的程序。他号称这个程序不管是下黑棋还是下白棋，不管对上哪个对手，一定胜利。他声称自己的断言有数学证明当靠山。你认为呢？

嗯，程序设计师的说法不可能为真。假设真的有一个能下完美棋局，打遍天下无敌手的程序。那么我们就可以在两台计算机同时装上这个程序，然后对战。根据假设，不管下黑棋还是白棋、遇到哪个对手，程序都能赢。如果程序和自己对打，那么两边应该同时赢棋。但在棋赛中，这种情况不可能发生。于是，有完美棋局的假设会导致荒谬的结果，所以程序设计师的说法不可能正确。逻辑上看，程序设计师所标榜的程序特点并不可能实现。

现在让我们踏进分数的世界，来找找看有没有最小的正分数。假设一个最小分数的形式为：

$$a/b$$

a 和 b 皆为正整数。在此情况下我们也来运用新学到的工具。反证法竟然也可以简洁得令人吃惊。假设真的有一个最小正分数，我们令它为 a^*/b^*，那么 $a^*/(2b^*)$ 必定也是分数；其次，它必定为正数；

第三，还要比 a^*/b^* 来得小。所以 a^*/b^* 不可能是最小的正分数。就这样我们得到了矛盾。结论和精随：最小的正分数并不存在，若它真的存在，必定造成逻辑上的矛盾。

定理和逆定理

K 先生的哲学：所有事情都很有趣。

特例（他的有趣定理）：所有的自然数都很有趣。

利用反证法来证明：假设情况相反，那么就存在一个不有趣的最小自然数。但是这个数显然十分有趣，这与说它不有趣的假设相矛盾。所以刚刚的假设必定为假，假设的反面才是正确的。因此这个说法得证。

K 太太的逆定理（她的无聊定理）：所有的自然数都很无聊。

通过反证法来证明：假设 m 是个不无聊的最小自然数。谁对这个问题有兴趣？故得证。

欧几里得在两千多年前就运用了功能强大的反证法，来证明质数有无穷多个。在《几何原本》这部有史以来最成功的数学著作中，他写道："永远有比已经找到的质数更多的质数。"（第九卷，命题 20）

三句话看透世界文学：欧几里得的几何原本

一个点就是去掉了两条边的角。

设立定义和公设，然后对形状和数做出推断。

推敲出的是永世通用的幽默、情色、毒品和解放。

质数是只能被 1 和自己整除的数；因此，它们没有真正的因子，就像数字界的"不可分割的"原子。欧几里得拿相反命题当作假设，假设质数是有限多个，并依照大小排列好：

$$p_1 \text{ 小于 } p_2 \text{ 小于 } p_3 \cdots\cdots \text{ 小于 } p_r$$

接着，他利用巧妙的手法，将所有质数相乘，然后再加上 1。所得的数我们称为 P：

$$P = p_1 \cdot p_2 \cdot p_3 \cdot \cdots \cdot p_r + 1 \qquad\qquad (17)$$

关于 P 这个数，我们知道些什么呢？首先，P 大于 p_r，也就是说，P 比我们所假设最大的质数要大，所以不可能是质数。那么 P 就一定可以写成质数的乘积。但因为有被加数 +1，P 无法被 p_1，p_2，p_3，$\cdots$，p_r，也就是无法被任何一个质数整除。

因此出现了矛盾。得出的结论可说是十分完美。因为我们的推理方式在逻辑上无懈可击，所以这个矛盾一定是通过一开始的假设进入到思考过程。因此，一开始质数有限多的假设为假，而相反命题为真。这个相反命题就是：质数有无限多个！

多么美丽的证明。世界遗产的一部分，一种思想财富。一个永生不朽的证明。

熟练的力量可以编织永恒的联盟

数学家诺加·阿隆（Noga Alon），特拉维夫大学的数学教授，有一次在以色列的广播节目中谈质数。他提到欧几里得在 2 300 年前便证明了质数有无限多个。主持人继续问："那它现在还正确吗？"

谈到这里，我们不能不提一下跟质数息息相关的另一个著名数学问题，即孪生质数问题：两者相差 2 的一对质数，例如 3 和 5，17 和 19，就称为孪生质数。孪生质数也有无穷多对吗？

这个问题我们还无法回答。目前（直到 2008 年 12 月）还没有人知道答案。绞尽脑汁还是没人能解答这个两千多前提出的问题。

知识之道

"我们知道有些东西是我们知道的。我们也知道有些东西是未知的,而且我们知道它是未知的。我们知道有些东西是我们不知道的。但是也有些东西,我们不知道自己并不知道。"美国前国防部长拉米斯菲尔德(Donald Rumsfeld)在 2002 年 2 月 12 日针对寻找奥赛玛·宾拉登所发表的言论(出处:*The poetry of D. H. Rumsfeld*,作者 H. Seely)。也许这是拉米斯菲尔德,针对我们生存的世界发表的智慧之言,关于他对"知识"的哲学看法,也是一个让他至少与孔子的眼界提至相同境界的看法,因为孔子说过:"知之为知之,不知为不知,是知也。"

⑦

归纳原则

为了证明一堆有序对象当中的全部东西皆具有某种性质，可以先证明第一个东西有此项性质，然后再证明，若其中任意一个东西具有该性质，则下一个东西也有此性质。

如果可以一件接着一件做，数学家就会一直做下去。

——某面墙上的涂鸦智慧

演绎推理法是一种逻辑推论，是从一般情况推导到特殊情况。归纳推理法和溯因推理法（逆推法）则是两种非演绎推理法。下面这个具体的例子可以帮忙区别归纳、演绎及溯因推理法。

归纳推理法是从个别情况与结果来推导出规则。

情况：这些豆子是从这个布袋里拿出来的。

结果：这些豆子是白色的。

规则：这个布袋里的所有豆子都是白色的。

归纳推理就是要从世界上的模式和规律中，找出尚未观察到的或是未知的事物。归纳的结果不一定非得是正确的，得出的仅是一个推论（这个布袋里的所有豆子都是白色的），不一定要和前提一样为真（从这个布袋中拿出来的豆子是白色的）。归纳推理仅是发现有可能的事实。我们随时随地会用到归纳推理。但是哲学家当中的怀疑论者反对归纳推理。一般来说，归纳推理法并未考虑所有的个别情况，因此某些未考虑到的情况有可能会与所做出的归纳互相矛盾。所以，归纳得出的结论在形式逻辑上并不被接受。

> **概率理论的逻辑**
>
> 10% 的偷车贼是左撇子。所有的北极熊都是左撇子。因此如果您的车被偷了，有 10% 的概率是北极熊偷走的！！
>
> ——查普曼－凯利（J. Chapman-Kelly）

除了日常生活上的实际运用之外，归纳推理还有一连串哲学考虑之下的上层结构。由哲学家古德曼（Nelson Goodman）首先提出，在此我们由庞德斯通（William Poundstone）所改写的一个例子，来看看使用归纳推理之后会发生什么事情。有位珠宝商检查一颗绿宝石。"又是一颗绿色的绿宝石，"他想，"这些年我看过不下上千颗绿宝石，每一颗都是绿的。"这位珠宝商因此得出一个假设：所有的绿宝石都是绿色的。这是个归纳推论，而且看似合理。

街上另外一边也有一位同样接触过许多绿宝石的珠宝商。他是印第安巧克陶族（Choctau），只会说巧克陶语。从人类语言学的角度来看可以发现一件有趣的事，巧克陶语并不区分蓝色和绿色，同一个词可以同时用来表示两种颜色。但在巧克陶语中，却有 okchamali（一种会发光的蓝或绿）、okchakko（一种暗沉的蓝或绿）之分。巧克陶族珠宝商说："所有的绿宝石都是 okchamali 的。"这也是一个归纳推论，同样根据了他看过的上千颗绿宝石。

在同一条街上还有一位经验同样丰富，只会说一种稀有语言 Gruebleen 的珠宝商。就如德语或巧克陶语，Gruebleen 这种语言也有自己对颜色的概念。Gruebleen 语没有描述绿色的词汇，但有一种被称为 grue 的特质（一个受到古德曼影响而产生的人造词汇，由 green 和 blue 结合而成，另外还有 bleen 这个词）。所有具有 grue 特质的东西，在 2019 年 12 月 31 日午夜之前都是绿的，一过午夜就是蓝的。而称为

bleen 的特质则是：在 2019 年 12 月 31 日午夜之前是蓝的，午夜之后变绿。如果要跟一个说 Gruebleen 语的人，解释我们所用的绿色一词，可以跟他说：就是在 2019 年 12 月 31 日午夜之前是 grue，午夜之后是 bleen 的那个东西。对于熟悉 grue 和 bleen 两种概念、说 Gruebleen 这种语言的人，"绿色"是一种听起来十分人为的用语，他们对于这两个颜色的定义，是以一个特定的时间点为参考点。也就是说，grue 在德语里的解释和绿色在 Gruebleen 语里的解释是对称的，所以我们没有办法说哪个语言在这方面更为基本。对那位说 Gruebleen 语的珠宝商而言，目前所有的绿宝石全都是 grue 的。

现在请各位想象一下，我们同时在三位珠宝商面前摆上一颗绿宝石，并问他们这颗绿宝石在 2020 年的颜色为何。三个人异口同声说，他们在执业多年来的经验里从来没有看过一颗绿宝石会变色。德国珠宝商预测，眼前的绿宝石在 2020 年还是绿的。巧克陶族珠宝商说，它的颜色会是 okchamali。而说 Gruebleen 语的珠宝商表示，这颗绿宝石在 2020 年是 grue 的。但等一下！在 2020 年，grue 意指蓝色。三位珠宝商与绿宝石接触的经验同样丰富，而且都使用了归纳推理，但说 Gruebleen 语的珠宝商做出的预测，却与说德语的珠宝商恰恰相反。这个自相矛盾绝对不能毫无意义地被忽视：2020 新年时，上述的预测至少有一个是错的。

演绎推理是把规则应用到个别的情况，来推导出结果。

规则：这个布袋里所有的豆子都是白色的。

情况：这些豆子是从这个布袋里拿出来的。

结果：这些豆子是白色的。

演绎推理的结果不容争辩，也可以说一定是正确的。从形式逻辑看来，演绎推理的结果为有效的结论。在数学上，也可以尽量使用演绎推理原则的结构。但是严格来说，演绎逻辑推理并未扩充已知知识的数量，它不过是把已经知道的事物换个方式来表达。

溯因推理是从规则和结果来推导出个别情况。

规则：这个布袋里所有的豆子都是白色的。

结果：这些豆子是白色的。

情况：这些豆子是从这个布袋里拿出来的。

根据规则和结果所得的结论虽然十分有可能正确，但不一定必为真。严格说来，这其实是非常粗略的逻辑，因为得出的结论十分不确定，如果正确，顶多也是碰巧，而且也没有任何其他可以佐证的证据。和归纳推理相比，不仅是量的差别，也是质的差别。通过溯因推理得出的结论，是建立在间接证据的猜测，推理出一个观察结果的最佳解释。这个结论有可能为真，因而得悉潜在的真相。日常生活中我们经常做出如此的推论，像是想证明嫌犯有罪的警探，或是要根据特定症状来做出初步诊断的医生，这些事务的本质里也都存在着溯因推理的结论。

将以上几种推理法分门别类过后，现在要介绍的完全归纳法（数学归纳法）就是我们的下一个思考工具。数学归纳法的概念，最早是在 1654 年由帕斯卡（Blaise Pascal）建立起来的。一种只需要两个步骤就可以检验众多甚至是无限多个命题的基本原则。只要其中的命题可以排序且任何一个命题与前一个命题之间存在着特定关系，归纳法可能就会适用。我们在思考时经常选择采用归纳原则，譬如要证明一个关于所有自然数的命题是否成立。为了证明一个取决于 n 的命题 $A(n)$ 对任何一个自然数 n 都成立，我们先将那些使得命题 $A(m)$ 为真的自然数 m 所成的集合称为 M。然后我们必须考虑 M 是所有自然数 1、2、3……的集合。一个可能的进行方法是分成两个逻辑步骤：第一步先证明，A（1）是真确的命题，而第二步是验证，若对于任意自然数 m，从 A（m）成立可推导出 A（$m+1$）也为真，那么这个命题对于下一个自然数也成立。因为听起来还是十分抽象，所以我想把这个基本结构具体解释一下。

如果已知某个自然数取决于 n，而要证明对于所有 n 皆成立的命题（例如 $2^0+2^1+2^2+\cdots+2^n=2^{n+1}-1$），首先可证明它对 $n=1$ 为真（归纳起始点），再来，对任意自然数 m，若从 $n=m$ 时命题会成立可以推导出 $n=m+1$ 时命题也会成立（归纳步骤），那么这个命题对所有的自然数 n 皆成立。论证过程的两个部分同样重要。没有归纳起始点的归纳步骤，以及没有归纳步骤的归纳起始点，都是不完备的，无法证明所有自然数 n 的情形。

通过爬楼梯的过程的比较，可以帮助我们更了解数学归纳法。成功地爬上楼梯包含两个层面，第一必须知道如何爬上第一层阶梯，其次必须找出一个从某一阶爬到下一阶的方法。一旦这两关都会了，那么便可以登上第一阶，然后从第一阶爬上第二阶、从第二阶爬到第三阶等等，而可登上任何一阶。如果在第一阶就失败，或是无法从第一阶到下一阶的话，整个过程就进行不了。

数学家将归纳原则内化了，远远就能察觉这个方法是否能、从哪里、该如何成功用来解决某个特定问题。

不懂数学的门外汉却对这个方法保持着怀疑的态度。偶尔可以听到他们反对数学归纳法的论点，例如有待证明的地方已被当成归纳步骤的前提。事实并非如此。在归纳步骤里证明的是一个条件语句：若一个要被证明的命题在特定情况下是对的，则对下一个情况也是对的。但如果找不到这种情况，那么前后情况之间的链接就没有逻辑意义了。这是条件推论的中心思想之一。

然而条件推论也有它的陷阱。所以我们先来谈谈这种类型的推论及伴随而来的陷阱。

许多人在条件推论上产生适应困难，这通常是发生在处理条件句时。一个条件句是由两个叙述 P 与 Q 组成，两者以"若……则……"的结构合成一句：若 P，则 Q。譬如："如果有人做了一场旅行，那他一定有故事可讲。"或是："如果他们还没死的话，那么就会从此过着幸福快乐的生活。"

条件推论的有效变体在形式逻辑上称为肯定前件（Modus ponens），具有以下结构：从蕴涵关系"若 P 则 Q"以及 P 为真，可推得 Q 也为真。因此，肯定前件是由前提（"某人去旅行"）推断出结论（"他一定能讲些东西"）。

这是简单的条件推论形式，通常连学龄前儿童都能大致掌握。

第二种复杂许多的条件推论形式为否定后件（Modus tollens），具有以下结构：从蕴涵关系"若 P 则 Q"以及 Q 的反面为真（非 Q），可推断出 P 的反面为真（非 P）。由此看来，否定后件是从否定的结论（"他没有东西能讲"）推理出否定的前提（"他没去旅行"）。

尽管多数孩童都能掌握肯定前件这种推论形式，有些成年人在碰到否定后件这种推论形式时，却出现问题，错误地应用在：从蕴涵关系"若 P 则 Q"以及 Q 为真，得出 P 也为真。这是无效的结论，用刚才所举的例子来看就会明白，不是每个有故事可讲的人，之前都必定旅行过。其他的活动也能提供故事题材。

在此情况下其他可以想到的推论形式，即从蕴涵关系"若 P 则 Q"推导出"若非 P 则非 Q"，逻辑上来说也不成立。由刚刚的例子，就会是"没有旅行的人，就没有东西好讲"，而这是错的。有些人虽然没旅行，还是有话题可以讲。

为了感受一般人在否定后件上遇到的困难，我们来看看华森（P. C. Wason）在 20 世纪 60 年代提出的选择任务实验。华森在受试者的面前放了四张卡片，每张卡片有一面是英文字母，另一面是数字。同时他告诉他们一项规则："如果一张卡片有一面是元音，它的另一面必定是偶数。"受试者的任务就是要决定应该翻开四张卡片当中的哪几张，来验证这个规则。华森的四张卡片如下：

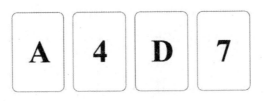

图 35　华森的选择任务实验

华森实验受试者的作答整理如下：

作答	答案频率
A 和 4	46 %
A	33 %
A、4 和 7	7 %
A 和 7	4 %
其他	10 %

如果我们将"卡片的一面是元音"这句话简写成 P，把另一句"卡片的另一面是偶数"简写成 Q，那么便能将刚刚所提的规则写成蕴涵关系"若 P 则 Q"。印着 A 的卡片，代表的是属于蕴涵关系的肯定前件（前提 P 为真），而印着 7 的卡片则代表否定后件（结论 Q 不正确）。为了验证这项规则，必须检查肯定前件和否定后件是否有效。因此我们必须将 A 卡和 7 卡翻面。至于剩下的 D 卡和 4 卡，代表的非 P 和 Q，不管它们另外一面印的是什么，都不会影响规则的正确性。

华森选择任务的实验结果可以得出以下解释：绝大多数的受试者都知道如何运用肯定前件，因为他们选择翻开 A 卡，但只有少数人正确运用否定后件。

否定后件之所以失败，通常在于直接从结果来推断原因，这当然站不住脚。结果的发生，顶多只会为原因增加说服力。会错误使用否定后件，可见人类倾向用非演绎式的推理。大体而言，我们可以将这种与生俱来的思考方式这么总结：如果从我的假设 P 可以预测出事件 Q，又如果根据既有的知识程度，事件 Q 的发生概率很低，那么当事件 Q 发生了，我的假设 P 就变得更可信。换句话说，我们观察到不寻常的事件 Q。但如果 P 为真，那么 Q 就是理所当然之事。由于如此，当 Q 发生时，就有理由说 P 也为真。因此，溯因推理的规则会导致假设 P 变得更具说服力。这是一种合理的论证，但不合乎逻辑。严格地从逻辑上看来，我们根本无法从"若 P 则 Q"和"Q 为真"推理出任何结果。这样的推论不具逻辑说服力，而只是合理的推论。但溯因推理规则在日常生活和科学中仍旧十分重要，因而也用于人工智能，来仿真正常人类的思考模式。溯因推理在许多科学领域中根本就是科学方法的典范：如果某个科学假说（或理论）P 做了一项预测 Q，随后 Q 也真的发生了，这个科学理论便赢得支持。如果有许多个假说或理论竞相解释某个事实，那么一个验证理论的可能性便在于，先从这些假说推导出结果，然后做实验，看看这些结果是否会发生，或说有哪些结果会发生。如果某个理论预测一个结果，而这个结果真的发生，此理论便获得支持，但未受到证明。相反地，如果发生的事件与理论预测相抵触，这个理论就会失去威信，甚至被瓦解。

　　就像这一章开头提到的，我们还可以注意到，一般而言归纳推理是从特殊情形推到一般情况的推理形式。数学归纳法也是从特殊情况推至一般情形，但是在本质上并非归纳推理，而是演绎推理法。说得更精确些，数学归纳法的论证是经过演绎证明的：因为包含了所有的情况，所以这种归纳法（在数学上）是完备的。数学归纳法让我们看到，如何从一个论点的成立，然后通过验证唯一一个蕴涵关系，扩展到所有可能的情况。现在你也许可以看得更清楚，这种推理法的本质为何。

在前面描述的数学归纳法运用中，用自然数编号的命题会一个接一个地处理。当然也可以用别的方式处理所有的自然数；例如在归纳步骤时不是从 n 推到 $n+1$，而是从 n 推到 $2n$，之后再将因此产生的缺口用倒推的方式补上，从命题对 n 成立，来证明命题对 $n-1$ 也成立。这就是所谓的正推－倒推－归纳法。如果只是为了证明某命题对于所有自然数 1，2，…，m 为真，在归纳步骤时也可以使用倒推的步骤，证明命题在从 n 推到 $n-1$ 时也成立（倒推归纳法），而归纳起始点，就会是证明当 $n=m$ 时命题成立。

我们现在把归纳原则使用在一个学校教的几何范例上。

黑白画家的经验宝藏

K 先生只画黑白作品，而且是后现代风格；不像普通的画作，K 先生的画只有直线，直线交错产生的区块他便画上黑或白。K 先生的经验是，不管画了几条直线，不管直线如何交错，每一个（被直线分隔开的）区块的颜色都不同，例如下图中 n=4 条直线的图案：

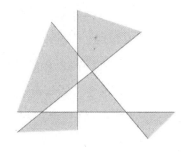

图 36　黑白画家的作品

现在来想象一下有任意 n 条直线和所形成的区块，每条直线的"左边"和"右边"代表的是有意义的概念。

现在使用数学归纳法的风格，先看只有一条直线时的情况。一条直线将一个平面分成 2 个区块。显然可以画上不同的颜色。这不难。

接下来我们假设被 n 条直线分割的平面，其着色的区块是符合我们的条件的。现在加上一条直线 G，位置随便，只要不和之前的直线重叠即可。这条直线分开了一些已经着上颜色的区块，而从新的直线的位置看来，分成左边和右边。我们现在把所有新直线 G 左边的区块重新着上颜色。这个动作不仅影响了被 G 所分隔的区块，还有所有在 G 左边，但是不和 G 相邻的区块。重新着色后 G 右边区块的上色也符合规则，所以新区块的着色也成立。这就是证明。

在第二个数学归纳法的例子里，我们来看看二项式系数和 2 的幂次之间看似纯属理论的关系。对于所有自然数 n，下面的式子都成立：

$$B\,(n,\,1)\,+2B\,(n,\,2)\,+3B\,(n,\,3)\,+\,\cdots\,+nB\,(n,\,n)\,=n2^{n-1} \qquad (18)$$

我们想要使用归纳原则来证明。

归纳起始点：

$$n=1:\quad B\,(1,\,1)\,=1!/\,(1!\cdot 0!)\,=1=1\cdot 2^{0}$$

归纳步骤：

我们先假设，当任意自然数 $n=k$ 时（18）式成立，也就是：

$$B\,(k,\,1)\,+2B\,(k,\,2)\,+3B\,(k,\,3)\,+\,\cdots\,+kB\,(k,\,k)\,=k2^{k-1}$$

为了方便称呼，我们将左式简称为 $S\,(k)$。于是：

$$S\,(k+1)\,=B\,(k+1,\,1)\,+2B\,(k+1,\,2)\,+3B\,(k+1,\,3)\,+\,\cdots\,+$$
$$(k+1)\,B\,(k+1,\,k+1)$$

基本的概念就在于使用到下面这个分解：

$$B(n,k)=B(n-1,k)+B(n-1,k-1)$$

把等号左右两边分开计算，便可验证上面的式子。我们再次看到富比尼原理发挥作用。根据二项式系数的定义，左式是指从 n 个人中选出 k 人（k 人小组）的方法数。右式的解释为：选出任何一人 P。$B(n-1,k)$ 是选出不含 P 在内的 k 人小组的方法数，而 $B(n-1,k-1)$ 则是包含 P 在内的 k 人小组的方法数。两者之和便是从 n 人中选出 k 人小组的方法数。

在这一步的考虑之后，我们可以把刚才的式子重新写成：

$$S(k+1)=[B(k,0)+B(k,1)]+2[B(k,1)+B(k,2)]+\cdots+k[B(k,k-1)$$

$$+B(k,k)]+(k+1)B(k,k)$$
$$=B(k,0)+3B(k,1)+5B(k,2)+\cdots+(2k+1)B(k,k)$$
$$=[B(k,0)+B(k,1)+B(k,2)+\cdots+B(k,k)]+2S(k)$$
$$=2^k+2k\cdot2^{k-1}$$
$$=(k+1)\cdot2^k$$

在倒数第二步，我们使用了前文的（10）式来化简中括号里的式子。

这是个完整的证明。但我们在这个例子多停留一会儿。受到富比尼原理发挥作用的鼓励，我们决定替复杂得多的（18）式寻找一个类似的论证：一个比数学归纳法更有创意的另类证法。

为此我们先自问以下的问题：从 n 人当中选出 k 人小组，而 k 人小组里有一人是主席，可有多少种选法？k 人小组可以选第 1 到第 n 个成员，而 k 人小组中的任何成员均可当主席。答案：选出 k 人小组

一共有 $B(n, k)$ 种选法，而对于每种选法，又有 k 种选出主席的方法，根据乘法原理，就有 $kB(n, k)$ 种可能的选法。好啦，k 可以从 1 任意变化到 n。这就产生了 $kB(n, k)$ 从 1 到 n 的加总。这也正是（18）式的左半边。太好了。那该如何求出右半边呢？十分简单。我们可以换个方式计算，先从 n 人中选出主席，这一共有 n 种选法。然后再从剩下的 $n-1$ 人中选出 k 人小组的其他成员。从 $n-1$ 人中，不是被选进 k 人小组，就是被排除在外，所以对每个人来说都有两种可能。对 $n-1$ 人而言，根据乘法原理，就有 2^{n-1} 种可能。因此，同样是根据乘法原理，总共会有 $n2^{n-1}$ 种选法。十分漂亮的证法，也是公式（18）的第二种证明方法。

还有一个同样机智、在某方面看来甚至更漂亮的方式来证明（18）式：通过 $S(n)/2^n$。这个比率用文字来叙述，意思为含有 n 个元素的集合 $\{1, 2, 3, \cdots, n\}$ 的所有子集合的平均大小。这是因为，有 k 个元素的子集合恰好有 $B(n, k)$ 个，而所有的子集合总共有 2^n 个。为什么呢？因为对于 n 个元素的每个元素来说，也永远有两种可能：属于某个子集，或不属于某个子集。

现在我们可以把任何一个子集跟其余集配对。成对的集合一共含有 n 个元素，平均每个集合有 $n/2$ 个元素。由于每对集合都有 $n/2$ 个元素，所以：

$$S(n)/2^n = n/2$$

正是（18）式所说的内容。很特别吧！

8

一般化原则

解决一般问题时，可不可以先删去一些条件或是改变一些约束条件，然后再把求得的解运用在眼前的特殊情形？

"你是我唯一的情人"卡片
组合包新上市！

——美国某家连锁商店的广告

有时候有个奇怪的现象：一般性、更有力的陈述，会比没那么一般性的陈述还容易证明。数学家波利亚（George Polya）将这个现象称为"创造者的悖论"，因为它指出了一个事实：看起来较困难、需要更多创造力的难题，竟然出人意料地比较容易处理。

数学永远充满体验！

在没学过数学的大部分人看来，总有些事情很不可思议。

——阿基米德

先来看一下以下情况：世界顶尖大学之一，位于美国的麻省理工学院，在 2004 年为信息科学大楼举行落成典礼，新大楼是由国际知名建筑师法兰克·盖瑞（Frank O. Gehry）所设计的。

中期蓝图是计划要在这栋称为史塔特中心的建筑前方，建一个大小为 $2^n \cdot 2^n$ 的正方形广场：

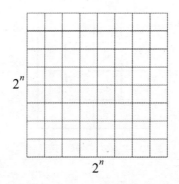

图 37 大小为 $2^n \times 2^n$ 的正方形广场

广场正中央的四块区域之一会放上两位富有赞助者，雷·史塔特和玛丽亚·史塔特的雕像。此外，这位以前卫风格著称的设计师还要求，只能使用特殊形状的石板来铺地。所有石板均为 L 形：

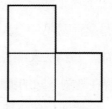

图 38 拼贴用的石板

能不能铺得成的问题，这时候便出现了。当 $n=1$ 时，很明显没有问题：

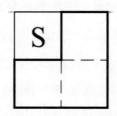

图 39 2×2 广场的石板铺法

我们用 S 代表雕像的位置。当 $n=2$ 时，由 16 宫格组成的广场可能的铺法如下：

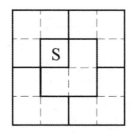

图40　$2^2 \times 2^2$ 广场的石板铺法

一共需要五个 L 形石板，每个占三宫格。

现在进入第二阶段：提出证明。我们自然想问的问题是：对于所有的自然数 $n=1$，2，3，…，是否都有类似这样可以让雕像立在中央四宫格之一的铺法？

各位也花点时间思考一下这个问题。您的想法是？我仿佛听到您说数学归纳法。没错！这是显而易见的。大多数时候想法都是这样来的。这个问题正好需要用数学归纳法来探讨。上面 $n=1$ 和 $n=2$ 时的情形便是归纳法的起始点。现在就剩下归纳步骤。假设当广场大小为 $2^n \times 2^n$ 时，可使用上述的铺法。这样的铺法也适用于 $2^{n+1} \times 2^{n+1}$ 的广场吗？我们感受到无法排除的困难。这种预感终会成真。刚才的假设（$2^n \times 2^n$ 广场可以铺设成功），并不能帮助我们找到铺设 $2^{n+1} \times 2^{n+1}$ 广场的方法。问题出在 L 形的石板。我们好像跟随着数学归纳法原则走入死巷，搁浅在问题的岸上。有没有可能我们循错了线索？诗人哥特佛里德·贝恩（Gottfried Benn）可能会说我们跟随了幻觉。要如何解决在归纳步骤遇到的问题？如果有个想法能帮助我们，现在最好马上出现。

我们不会因为失望而轻言放弃。由于归纳原则还有未发掘的用法，我们不妨坚持下去。既然没有其他的方法，我们就先试试看扩大归纳假设的策略，听起来像是自找麻烦，因为现在要证明的是一个比原本要证明的命题更大的命题，希望能由此轻松推导出我们原本要证明的命题。这就像一个跳高选手，在试跳了一次之后不受打击地让横竿摆得更高，希望第二次试跳能更轻松跳过。我们现在试着证明，雕像 S 不管摆在 2^n×2^n 广场的何处（不再只是摆在中间），其余位置都可用 L 形石板铺满。

我们在这里运用的是一般化捷思法，运用有能力做到之事来反击。有时候，使用一个涵盖范围更大的，也就是更一般性的命题来证明，比直接试着解释一个较小的、针对特殊情形的命题来得简单。特别是在使用归纳法证明时，能够为归纳步骤开启一条新的出路，因为这让我们更容易由一个较大、因而更有用的归纳假设，从命题在 n 时成立推导到 $n+1$ 时也成立。这正是之前提到的"创造者悖论"的变形。中心概念都是："如果没有办法证明、执行或做到某样东西，就试着证明、执行或做到某个更宏大的目标。这样可能更简单。"

好吧：我们接受上面的建议，假设雕像 S 不论摆在哪个地方，2^n×2^n 广场都能铺满。这个较大的命题在 $n=1$ 时也正确。

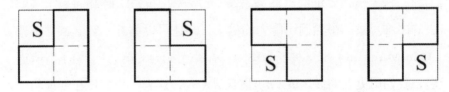

图 41 成功的归纳起始点

关键的时刻来了：归纳步骤。有办法在新的条件下成功解出吗？技巧在于运用一个美妙的想法：将 2^{n+1}×2^{n+1} 广场分割为四个 2^n×2^n 的区块，如图 42 所示。就连最敏锐的人也有可能忽略这个细微的思考。

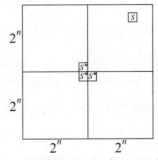

图 42 把要铺上石板的广场分为四个区块

除了原本要摆在 S 区的雕像，我们暂时在 S^* 区另外放三个雕像。这是阐释整件事的妙招。

现在，归纳的假设直接允许我们用 L 形石板，去铺设每个区块不含 S 或是 S^* 的其余地方。而且很好运的是，我们还可以用一个 L 形石板来盖住三个 S^* 区块。这样就做完了，证明结束。因为我们证明了一个比我们需要的东西涵盖范围更广的命题，因此原本的命题（即雕像只能摆在中间）当然也正确。皆大欢喜。令人赞叹的证明。

上述的例子给我们上了富有启发性的一课。在运用归纳法来证明时突然碰壁因而改道，这种做法十分具有启发性。这示范了运用一般化的好处。典型的归纳法证明，是先证明命题集合 $\{A(n)\}$ 在 $A(1)$ 的情况下成立，接着证明下面的蕴涵关系成立：对于任何一个 n，从 $A(n)$ 都可以推导出 $A(n+1)$，可简写为 $A(n) \to A(n+1)$。但在上面的例子里，要证明蕴涵关系 $A(n) \to A(n+1)$ 时却遇到无法解决的困难。我们虽然到了能力的尽头，却还可以弥补。哲学家马奎德（Odo Marquard）把这种能力称为"弥补无能力的能力"。为了有所进展，我们用更强的命题 $B(n)$ 取代 $A(n)$，这表示我们现在要证明一个更强、更一般性甚至更雄心勃勃的命题。原因在于，比较一下 $A(n) \to A(n+1)$ 和 $B(n) \to B(n+1)$ 这两个蕴涵关系，可以发现后者比较容易，或是说得更明白些：第一个根本证明不了，但第二个却可以证明。结论 $B(n+1)$ 是一个比 $A(n+1)$ 更强的命题，照理来说应该难证明。但在证明过程中，我们却可以把 $B(n)$ 的成立当作出发点，这比 $A(n)$ 提供的弹药来得多，也给了我们更多的可能。精髓在于：把事情弄得复杂，也就让它变简单了。

而实际上，纯粹从逻辑上来看，更一般性的命题，也就是雄心勃勃的做法，到底比较简单还是困难，或者是根本无法做到，我们无从得知，因为脑力激荡很少是难度循序渐增、从特例线性发展到通例的过程。而逻辑上也没有论点支持特殊的问题一定要使用特殊的解法。

适用于一般情况的解，有可能比特殊情况的解更加简短有力。这是许多程序设计师都熟悉的事实。

从上述的讨论可以得出以下的启发式思考：试着从难度较高的做法或更具野心的计划，来简化原本的问题。但也必须先找到难度较高但却比较简单的合适题目。这个做法本身，以及找到适合的归纳假设〔像上文提到的 $B(n)$〕的特殊情形，也是一门艺术。

现在再用几个同类型的例子来说明。

例一（大于？小于？或等于？）：下面哪个数比较大，$60^{1/3}$ 还是 $2+7^{1/3}$？

因为待比较的两个数很容易计算，所以当然可以拿电子计算器来回答这个问题，但我们想在不靠任何帮助的情况下解这一题。事实上，你也可以把这个题目改成连计算器都派不上用场的样子：下面哪个数比较大，$7999999999996^{1/3}$ 还是 $10000+999999999999^{1/3}$？

在此我们还是固守原来的题目，并且把计算器收起来。姑且说是不插电、没有任何辅助的数学。

该如何通过直接运算来解题，并不是很明显。很自然却不很舒服的方法，是试着将两个数乘 3 次方，但之后会出现讨厌的 2/3 次方，所以这个尝试也胎死腹中。

但我们仍然可以带着成功的希望选择另一条路。不管怎样，第二个数 $2+7^{1/3}$ 可以写成 $8^{1/3}+7^{1/3}$，而第一个数也可以变成〔$4(8+7)$〕$^{1/3}$。根据这个角度和本章节的主题，我们可以提出一个更一般性的问题：哪个数比较大，〔$4(x+y)$〕$^{1/3}$ 或是 $x^{1/3}+y^{1/3}$（x、y 为非负的任意两个数）？

如此一来，我们把题目变复杂了，现在不仅是比较两个数，还要比较无穷多个数。如果令 $x=a^3$，$y=b^3$，就可以明显看出这个步骤的想法。现在要比较的两个数变成：

〔$4(a^3+b^3)$〕$^{1/3}$ 和 $a+b$，或是取两式的三次方：$4(a^3+b^3)$ 和 $(a+b)^3$，也可以把它们乘开：$4a^3+4b^3$ 和 $a^3+3a^2b+3ab^2+b^3$。

在经历过上面一连串的条件转变后，现在要解决的问题便不需要特别高明的解题技巧，一位小小的计算大师也可以轻松求解。对于所有的正数 a、b，显然 $(a+b)(a-b)^2 \geq 0$ 必会成立，也能写成 $a^3+b^3 \geq ab(a+b)$，把两边同乘 3，可得 $3a^3+3b^3 \geq 3a^2b+3ab^2$，这样就得出所求的 $4a^3+4b^3 \geq a^3+3a^2b+3ab^2+b^3$。当 $a=b$，左右两式就会刚好相等。解题过程的高潮便在于，当我们倒推回去，即可知道 $60^{1/3}$ 大于 $2+7^{1/3}$。

这个例题可说把本章的主题发挥得淋漓尽致。

例二（强化后的不等式）：请证明对所有的自然数 n，以下的不等式恒成立：

$$1/1^2+1/2^2+1/3^2+ \cdots +1/n^2 \leq 2 \qquad (19)$$

由于前面这些讨论，在此我们自然也会想到数学归纳法。为了实际运算，我们把（19）式的左边简写成 $a(n)$。于是，$a(1)=1 \leq 2$，有了归纳起点。

现在假设，在 $n=k$ 的情况下 $a(n) \leq 2$ 成立。所以对于 $n=k+1$，可得：

$$a(k+1)=a(k)+1/(k+1)^2 \qquad (20)$$

现在的任务就是去证明，等号的右边不会超过 2。这看起来是不可能的任务。只知道 $a(n) \leq 2$，对于想要证明 $a(n+1) \leq 2$ 一点帮助也没有。现在困在无法克服的难题里，归纳原则无用武之地。原因在于，$a(n)$ 的值虽然会随 n 变化，但（19）这个不等式的右边却是个定值。改变这一点可能是成功法门。为了提供归纳原则一个目标，我们在可控制的范围内改写（19）式的右边。让右式变成变动值的方法很多，我们现在用一个简单的方式，用 n 的函数 $2-1/n$ 来取代常数 2。如此一来，这个不等式甚至变得更复杂，而题目也变得更困难，至少我们现在面对的是一个更大的挑战。但针对归纳步骤，我们还要有更强的假设可用，给予更多操作空间，而且可能是成功的关键。那就开始动工吧！

现在我们想证明，对所有的自然数 n，下列命题恒成立：

$$a(n) \leqslant 2-1/n \tag{21}$$

通往目的地的第一步：$a(1)=1 \leqslant 2-1/1=1$，幸好还是对的。这是好的开始。

第二步：假设 $a(k) \geqslant 2-1/k$ 为真。因此我们接着计算出：

$$
\begin{aligned}
a(k+1) &= a(k)+1/(k+1)^2 \\
&\leqslant (2-1/k)+1/(k+1)^2 \\
&\leqslant 2-1/k+1/k(k+1) \\
&= 2-(1/k) \cdot [1-1/(k+1)] \\
&= 2-(1/k) \cdot [k/(k+1)] \\
&= 2-1/(k+1)
\end{aligned}
$$

这个证明确立了命题（21）在 $n=k+1$ 时成立。你看，我们办到了！

靠着新的方法，我们证明出（21）对所有的自然数 n 皆成立。从这个涵盖范围更大的命题，当然可以推导出较弱的命题（20）。这又是一个通过复杂化让题目变简单、通过一般化让题目变复杂的例证。展现熟练一般化原则效力的教学实例。因为这个原则特别漂亮，所以我们再看一个例子。

例三（回到根或是开方）：请证明对于所有的自然数 m，下列不等式恒为真。

$$\sqrt{2 \cdot \sqrt{3 \cdot \sqrt{4 \cdot \sqrt{\cdots \sqrt{(m-1) \cdot \sqrt{m}}}}}} < 3$$

这个命题很容易一般化。我们把它放进类似的命题中，即以变量 n 取代常数 2，n 表示从 2 到 m 的任何一个数。然后可以证明，下列不等式

$$\sqrt{n \cdot \sqrt{(n+1) \cdot \sqrt{\cdots \cdot \sqrt{m}}}} < \sqrt{n \cdot (n+2)} < n+1 \qquad （22）$$

在 $n=2$ 时，会得到我们想要的结果。在这里我们选择用倒推归纳法，这表示首先要证明命题（22）在 $n=m$ 时成立。很幸运的，将 $n=m$ 代入（22），可得简单的不等式 $\sqrt{m} < m+1$，这对所有的自然数 m 而言显然是对的。

接下来，假设命题（22）在 $n=k+1 \leqslant m$ 时也成立，也就是：

$$\sqrt{(k+1) \cdot \sqrt{(k+2) \cdot \sqrt{\cdots \cdot \sqrt{m}}}} < k+2$$

于是：

$$\sqrt{k \cdot \sqrt{(k+1) \cdot \sqrt{\cdots \sqrt{m}}}} < k+1$$

因为 $k(k+2) < (k+1)^2$，乘开就是 $k^2+2k < k^2+2k+1$。但上面的不等式已经是命题（22）在 $n=k$ 时的特殊情形。如此一来，我们的倒推归纳步骤便已经完成。这个证明已经超越我们的目标，涵盖了不等式（22）在 $n=2, 3, \cdots, m$ 时的情况，而上面的过程已经证明了这个命题对这些 n 都成立。

特殊化原则

特殊化原则：解题时可以先看特殊情况，然后从特殊情况的结果推广到一般情况的解吗？

只有理发师拥有理发师的手艺。

——理发师公会用过的广告词

热情的小小哲学：拼图。

大约在 2 200 年前，古希腊数学家、物理学家和工程师阿基米德写下一篇题为《胃痛》(*Stomachion*) 的著作。不像阿基米德其他的著作，这篇文献很快便消失，遭人淡忘，一直到 20 世纪初，数学家海伯格（Johan Ludvig Heiberg）才在伊斯坦堡一个修道院的图书馆无意间发现。

这篇著作的内容引起学术界的震惊。第一眼看上去，它好像只是在描述一种类似中国七巧板的拼图游戏，可能是当时的一种孩童玩具。学术界很好奇，其他著作都十分具革命性的阿基米德，为什么会花时间在这个看似微不足道的东西上？

确切来说，这份手稿在探讨一个被分成 14 块的正方形，如图 43。

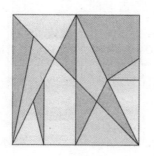
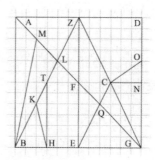

图 43　出自《胃痛》的拼图游戏和其说明

在另一篇古老的文献里我们也发现一份说明："先画一个正方形，称为 ABGD，取 BG 边的中点 E，然后作 EZ 垂直于 BG，画出对角线 AG、BZ 和 ZG，接着取 BE 的中点 H，作 HT 垂直于 BE。接着拿一把尺，以 H 为基准对着 A，画出 HK，然后取 AL 的中点 M，连 BM。如此，矩形 ABEZ 就分成了七块。接下来，我们取 GD 的中点 N，取 ZG 的中点 C，连 EC；用尺对准 B 和 C，画出 CO，然后再连 CN。这样一来，矩形 ZEGD 也切割成七块，但和第一个矩形的切法不同，而整个正方形总共分成十四块。"

这就是让学术界好长一段时间不知该如何将它和阿基米德搭上关系的拼图游戏：到底是游戏、艺术，还是科学？这个拼图游戏隐含着魅力。吸引人的特点之一，在于图 43 所画的构图并不是可将 14 块组件（11 块三角形，2 块四边形和 1 块五边形）拼成正方形的唯一拼法。直到最近，美国加州的科学家才成功算出可能有多少种拼法。这个问题可不是那么好解决，而这位加州科学家的成就也因此登上了《纽约时报》2003 年 12 月 14 日的头条。如果不考虑相同大小组件的旋转及互换位置，可将 14 块组件拼成正方形的拼法一共有 268 种。

今日我们假设，阿基米德用这个可能拼法总数的问题来打发时间。他有没有解出来，我们无从知道，但 268 这个数字还算小，可以靠着机敏的洞察力，运用纸笔计算出来，虽然这必定不是愉悦无比的活动。所以现在普遍认为，这个以手稿来命名为"胃痛"的 14 巧板拼图游戏，不仅本身是世界上最古老的谜题，而且附带的文章也公认为是组合数学领域的第一篇文献。组合数学是数学里的一个分支，主要在研究对象的可能排法或选法，直到 20 世纪才成为一门学问。

你不妨自己试一试，用一些不同的方法来拼成正方形，穿越超过两千年岁月的距离与阿基米德接触，像这位古代天才一样试着解决类似的难题。

不过，有各种不同的正方形拼法，并不是"胃痛"游戏的唯一特色。值得注意的还有，各块面积与正方形面积之比，是个有理数。将《胃痛》摆在一张 12×12 的方格纸上，让每一块的顶点都落在格点上，就能使用基本的方法算出面积。若把每个小方格的面积当作单位面积，12×12 的大正方形面积就等于 144 个单位，而各个区块的面积也都是整数值，就像图 44 所标示的。

运用传统公式，像是三角形面积等于底乘高除以 2，当然也可以算出面积。但在这里我们想好好利用坐标方格，选择一个更基本的途径，而我们要问的问题，很类似奥地利数学家皮克（Georg Alexander Pick，1859—1942）19 世纪末时提出的问题：可以简单地数一数一个多边形涵盖的格子点个数，来算出此多边形的面积吗？皮克以漂亮的解法，解出了格点多边形（也就是顶点都为格子点的多边形）的面积。虽然"胃痛"拼图里面只出现了边数从 3 到 5 的多边形，但我们也像当初皮克那样，直接来看一般情形。我们就用更基本的计数，来取代算术或测量。为了达到目标，还有一道较长的思考之路要走。这个方法的缺点在于过程冗长，但优点是管用，而且步骤简单又明了。

因此，我们这个小小的个案研究就是具体地针对这个问题：在使用方格纸的情况下，是否可能以及该如何只靠数出格点多边形所涵盖的格子点个数，来算出多边形面积。如此一来，面积的计算就变成简单数一数有多少个点。格点多边形其实就是由许多线段组成的多边形，这些线段（直线）又是由格子点连成的。就目前的讨论而言特别

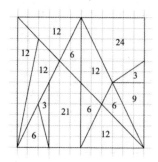

图 44 "胃痛"拼图各区块的面积

重要的多边形，是那些可将平面分成两个互不重叠区域，也就是可分成多边形内部及外部的那种多边形。为了将这种情况抽象化，我们把这种格点多边形称为简单多边形。简单元格点多边形可以切成多个三角形。多边形的边，是由刚刚提到的线段总体组合而成。最小的格点正方形，面积为 1。于是，所有的要件都确定了。

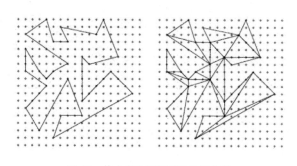

图 45 格点多边形和其三角形分割

首先我们实在不知道，多边形所涵盖的格子点，也就是在多边形内部及边上的那些格子点，是否能明确地定出面积，以及是否要个别评估那些部分切割到的格点矩形，并列入考虑。所以现在我们要努力通过特殊化原则，先来看最简单、具体的例子，借此发展出可用来处理问题的直觉。我们以 i 表示多边形内的格子点个数，r 表示边上的格子点个数，F 表示面积。

纯粹靠直觉以及根据前面看过的简单例子，内点个数 i 越多，F 显然也越大。因为多边形为了多容纳一个格子点，便需要空间。于是，"面积会随着 i 线性增加"的想法就浮现了。而边点个数 r 越多，面积 F 好像也越大。如果将多边形放大，添增边上的格子点，常常也会增加多边形内的格子点，面积跟着增加。在此情况下，F 好像也会随 r 线性增加，但是在边上加一个点似乎不像在内部加一个点的作用来得大。现在我们必须将这个凭感觉的知识转换成一个计划。更确切说，现在要推导出 F 和 i 及 r 的关系，再完美无瑕地证明。理想情况下，我们可以找出格点多边形的面积关系式 $F(r, i)$，只会随内部及边上的格子点个数而变。这是我们希望达到的目标。

在上述讨论之后，我们可以推测 $F(r, i)$ 是个对于两个自变量 r 和 i 均为单调、线性的递增函数，也就是说，可以写成：$F(r, i)=ai+br+c$，其中的 a、b、c 是待决定的常数。

以下是目前已经检验过的几个特例：

$$F(4, 0)=1$$
$$F(3, 0)=1/2$$
$$F(8, 1)=4$$
$$F(6, 0)=2$$
$$F(8, 2)=5$$

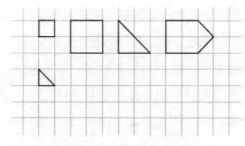

图 46　最简单的格点多边形

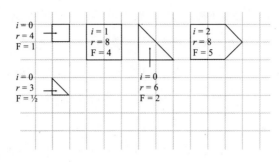

图46 最简单的格点多边形

由刚才的式子和以上的特例，我们可以写出一个方程组：

$$4b+c=1$$

$$3b+c=1/2$$

$$6b+c=2$$

$$a+8b+c=4$$

$$2a+8b+c=5$$

有个一般的法则出现了：从第 1 式和第 2 式，可得 $b=1/2$，而从第 4 式和第 5 式，可解出 $a=1$。将这两个值代入任何一个方程式，马上得出 $c=-1$。这么一来我们便得到一个容易理解的式子：

$$F(r,\ i)=i+r/2-1 \qquad\qquad (23)$$

这就是我们所假设的，F、r、i 之间的关系式。对于目前所看到的例子，这个式子都成立。一个好征兆。但这只是个开始。

现在，我们要先将公式（23）延伸到一些较为复杂的特例。这个做法十分合理：下一步我们如果不是试着从特例推广到一般情况，就是从这些特例拼凑出一个完整的解。根据目前的发展阶段，接下来的特例要来考虑顶点都是格子点的矩形和其他的三角形。我们已经知道，每个多边形都能分割成三角形，而沿着对角线把矩形切成两半，就有两个三角形。所以，基本结构就是顶点位于任一格子点的一般三角形。我们现在就要用有逻辑条理的方式，仔细研究这个特殊情况。为了导航到这条道路，我们现在一步一步前进，排除有问题之处。

第一步：最小的格点正方形。

我们已经知道，在此情况下我们的公式成立。

第二步：n·m 的矩形，边与坐标轴平行。

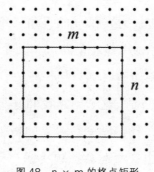

图48　n × m 的格点矩形

在这种矩形里，一共有 $i=(n-1)(m-1)$ 个内点。而在边长 n 或 m 的边上，则有 $n+1$ 或 $m+1$ 个点。把 4 条边上的格子点个数相加，4 个顶点会重复计算，所以 4 条边上一共有 $r=2(n+1)+2(m+1)-4=2n+2m$ 个格子点。另外，面积当然等于 $F=n\cdot m$ 的乘积。因为：

$$F(r,i)=F(2n+2m,(n-1)(m-1)=(n-1)(m-1)+(2n+2m)/2-1$$
$$=n\cdot m-n-m+1+n+m-1$$
$$=n\cdot m$$

可得出公式（23）在这个情况下也是成立的。

这里面蕴含的想法，可以轻易地应用到三角形上。

第三步： 将第二步中的 $n \cdot m$ 格点矩形对切得出的直角三角形

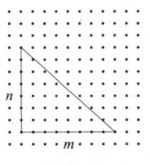

图49　一个特殊的格点三角形

我们考虑一个短边长为 n 和 m 的直角三角形。这个三角形的面积为 $F = n \cdot m / 2$。它一共有几个内点和几个边界点？情况看起来似乎变得复杂，因为斜边有时候只与一些，有时候又和多个格子点相交。到底有几个点？对于这个问题我们退避三舍。在未定出 n 和 m 之间关系的情况下，我们就令斜边上的格子点个数为 h，且不把两个顶点考虑进去。也许命运会眷顾我们，不需要明确算出 h。根据这个设定，可得三角形的边界点个数为 $r = n + m + 1 + h$，一点困难也没有。

三角形内的格子点个数呢？答案可以从第二步直接推导出来。我们的三角形是由矩形对切产生的，这个矩形一共有 $(n-1)(m-1)$ 个内点。如果减去斜边上的格子点个数 h，剩下的内点个数会因为对称性，平均分布在对角在线下方的两个全等三角形上。所以，这两个三角形各有

$$i = [(n-1)(m-1) - h] / 2$$

个内点。又因为：

$$F(r, i) = F(n+m+1+h, [(n-1)(m-1) -h]/2)$$
$$= [(n-1)(m-1) -h]/2 + (n+m+1+h)/2 - 1$$
$$= (n \cdot m - n - m + 1 - h)/2 + (n+m+1+h)/2 - 2/2$$
$$= n \cdot m/2$$

所以这里也能满足公式（23）。关于未知数 h，也十分幸运：它出现在计算过程中，然后就相消不见了。这可是数学家无比快乐的时刻。

我们继续进行。

第四步：任意格点三角形。

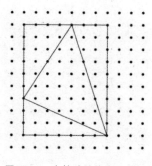

图 50　一个特殊的格点三角形

我们已经知道，公式（23）能够正确算出任意矩形和任意直角三角形的面积，接下来便可以证明，这个公式对于任意的三角形也成立。虽然需要考虑一些情况，但这些三角形，除了一些不重要的细节外，看起来都像图 51 中的任意三角形 T，加上三个直角三角形 A、B、

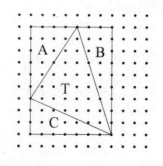

图 51　把格点三角形补成一个矩形

C，就可形成一个矩形 R。

令 i_A、r_A 分别表示三角形 A 的内点及边界点，而 F_A 代表三角形 A 的面积，其他的三角形和矩形 R 也以同样的方式来标记。由于皮克的公式（23）可适用于直角三角形和矩形，所以我们知道：

$$F_A = i_A + r_A/2 - 1$$
$$F_B = i_B + r_B/2 - 1$$
$$F_C = i_C + r_C/2 - 1$$
$$F_R = i_R + r_R/2 - 1$$

我们现在要花全副精力，证明下面的关系式：

$$F_T = i_T + r_T/2 - 1$$

利用我们所知道的：

$$F_T = F_R - F_A - F_B - F_C$$
$$= i_R - i_A - i_B - i_C + (r_R - r_A - r_B - r_C)/2 + 2 \qquad （24）$$

如果是 $n \cdot m$ 的矩形，那么就可知 $F_R = n \cdot m$，且 $i_R = (n-1)(m-1)$，而 $r_R = 2n + 2m$。边界点个数的总和为：

$$r_A + r_B + r_C = r_R + r_T$$

也可写成：

$$r_R = r_A + r_B + r_C - r_T \qquad （25）$$

仔细数算一下内点个数，可写出以下的方程式：

$$i_R = i_A + i_B + i_C + i_T + (r_A + r_B + r_C - r_R) - 3 \qquad (26)$$

等号右边有个被加数 -3，是因为要把三角形 T 的三个顶点扣掉，以免误算成矩形 R 的内点。将（25）代入（26），可得：

$$i_R = i_A + i_B + i_C + i_T + r_T - 3 \qquad (27)$$

现在我们再利用（25）和（27），把它们代入（24）的 r_R 和 i_R：

$$
\begin{aligned}
F_T &= i_R - i_A - i_B - i_C + (r_R - r_A - r_B - r_C)/2 + 2 \\
&= (i_A + i_B + i_C + i_T + r_T - 3) - i_A - i_B - i_C + [(r_A + r_B + r_C - r_T) - r_A - r_B - r_C]/2 + 2 \\
&= i_T + r_T - 3 - r_T/2 + 2 \\
&= i_T + r_T/2 - 1
\end{aligned}
$$

这就证明了公式（23）也适用于任意三角形。它已经包含了我们所称的"皮克定理"的一大部分。综合上述这些事实，现在要进行最后的编修了。要扭紧证明螺丝，就只剩下最后一圈。

需要注意的问题是：我们现在要如何从公式（23）在任意三角形这种特殊情况下成立，推导出它在任意多边形的一般状况下也会成立。这并不难。如果额外考虑到这个公式在多边形合并时可以使用，就已经足以做出推断，因为我们知道，每个多边形都可以切割成三角形，因此每个格点多边形也都可以分割成顶点均为格子点的三角形。为此目的，我们谨慎地来观察一下，面积和格子点个数在合并时会发生什么事。考虑两个符合公式（23）的简单多边形 V_1 和 V_2。接着假设 V_1 和 V_2 有一条共边，这条边上有 k 个格子点。当我们把这两个多边形的共边消去，合并成一个大的简单多边形 V 时，V 的面积理所当然会是：

$$F=F_1+F_2=(i_1+r_1/2-1)+(i_2+r_2/2-1)$$

我们希望证明，上面这个式子会等于 $i+r/2-1$，其中的 i 和 r 是 V 的格子点个数。这个愿望是可以实现的。为了获得这个结果，以下的想法十分管用：V 的内点，包含了 V_1 和 V_2 的内点，再加上被消去的共边上的 $k-2$ 个点——这条共边的两个端点不能计算在内。于是，我们可以写下 V 的内点个数：

$$i=i_1+i_2+(k-2)$$

那么 V 的边界点个数 r 呢？推敲过程的第一个灵感，会想到加总。然而，纯粹将 r_1 和 r_2 相加，也会把共边上的 k 个点给加进去。但如果将共边上的点减去两次，又会忽略掉一个细节：共边的两个端点仍然是新形成的多边形的边界点。这两个点必须再加进去。综合以上所述，V 的边界点个数 r 可用下面的式子来表示：

$$r=r_1+r_2-2k+2$$

最后，把这两个代表内点个数和边界点个数的式子代入公式（23），再化简一下：

$$i+r/2-1=i_1+i_2+(k-2)+(r_1+r_2-2k+2)/2-1$$
$$=(i_1+r_1/2-1)+(i_2+r_2/2-1)$$
$$=F$$

正是应该出现的样子。两个多边形的理想结合，真的实现了。

于是，所有的情形都考虑到了。经过辛苦长途跋涉，我们终于证明了公式（23），也称为皮克公式，对于简单的合成多边形是成立的，而综合先前的讨论，这表示对任意的简单多边形皮克公式也会成立。一个发生许多事情的思维过程，开始，继续前进，停止。它的精髓在于：如果想将面积计算化约成简单的计数，你可以把皮克的计数方法应用在格点多边形上。这是个基本又美丽的数学产物。在此再做一次总结：数一数内点的个数 i 和边界点的个数 r，计算出 $F(r, i) = i + r/2 - 1$，结束。

我们似乎应该停下来喘口气，享受一下成功的喜悦。

以上的个案分析显示：先探讨所要证明的陈述在特殊情况下成立，然后再从特殊情况推到一般情况，这样也可成功做出论证。不仅如此，这还是十分基本的做法。以下的行动指示可以成为启发式思考法：先检验合适的特例，再尝试使用已经证明的特殊情况解释一般状况或是更多的特例。这是个在其他地方也很有用的方法，我们刚才对皮克公式的考虑也是成功的例子。

我们现在想利用另外两个富教育价值的例子，来测试一下这个思考法。第一个例子是关于几何的新尝试。

一段三角关系

假设一个任意正三角形。对三角形内任意一点 P，考虑它和三边的垂直距离 x、y、z。对于距离和 $x+y+z$，我们可以做出什么结论？

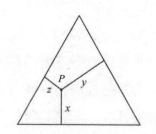

图 52　三角形内一点与三边的距离

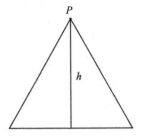

图 53　P 在三角形的顶点

为了做出一个假设以及找到好的点子（如果可能的话），我们先来仔细研究一些特例。最简单的情况，是将 P 点搬到三角形的其中一个顶点。这样一来，它与构成此顶点的两边距离为零，而与对边的距离就等于三角形的高 h。

由此我们可以做出一个假设。我们可以说：距离 x、y、z 之和等于三角形的高 h。以符号表示就是：$x+y+z=h$。我们准备就绪了。

目前为止还算顺利，但目前完成的事还没什么了不起，因为把 P 点放到顶点是相当大的让步。

现在该如何继续下去？为了找到其他点子，我们慢慢前进，检视稍微一般的特例，也就是让 P 点落在三角形的其中一边上。大概像这个样子：

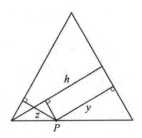

图 54　P 点在三角形的边上

图 54 左边的两个小直角三角形全等；全等的意思就是表示，两个图形经过平移、旋转或镜射后，仍可以重叠。这里符合全等的条件，因为两个小三角形的斜边相等，且斜边的两个邻角都各为 30° 和 60°。

如此可得 $y+z=h$。因为这个情况下 $x=0$，所以就像上个情形一样，也得到 $x+y+z=h$。情势慢慢开始变得可观了。

下一个步骤是紧要关头，但我们所用的方法有合理的机会。事实上：如果现在把 P 点放在三角形的任何一个位置，我们都可以把前一个情形得到的理解转移到这里。方法就像下图所示：

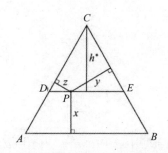

图 55　P 点在三角形的任意位置

线段 DE 和 AB 平行，并且通过 P 点。三角形 DCE 和大三角形一样，也是正三角形，因为它具备以下的等价性质：所有的内角皆为 60°。而 P 点落在这个小正三角形 DCE 的其中一边上。这时候我们可以主张刚刚的特例；一个有效的结论便是 $h^*=z+y$ 这个方程式。再将显而易见的关系式 $h=h^*+x$ 加进来之后，马上就出现 $h=x+y+z$，于是就证明了一般情形下的结果。这个称为维维亚尼定理的基础几何定理，是以意大利数学家维维亚尼（Vincenzo Viviani，1622—1703）来命名的。月球上也有一个月坑以他命名。

这个定理有个漂亮的应用就是，固定和 $a+b+c=$ 常数的三个量的连比 $a：b：c$，可以用三角形里的一点来表示。这也是我们所说的三线坐标。

整除规则。

以 b 为底数的进位制写成的数字 m，什么时候可被 $b-1$ 整除?

这是个带来一些难题的问题。为了运用目前所谈的启发式思考法，我们在这里也要试着从特例切入，看能不能对这个问题有更深刻的理解。我们最熟悉的特例，就是在学校里所学的——底数 $b=10$。于是，我们现在要来看熟悉的十进制，而眼前的问题是数字 m 能否被 9 整除。假设 m 为十进制制下的 n 位数，从个位数开始每一个位数的数字分别是 d_0、d_1……d_{n-1}。也就是说：

$$m=d_{n-1}d_{n-2}\cdots d_1 d_0$$

以更详细的写法来表示，就是：

$$m=d_0+10d_1+100d_2+\cdots+10^{n-1}d_{n-1}$$

或是写成：

$$m=（d_0+d_1+d_2+\cdots+d_{n-1}）+〔9d_1+99d_2+\cdots+（9\cdots9）d_{n-1}〕$$
$$=（m\text{ 所有位数的数字和}）+9〔d_1+11d_2+\cdots+（1\cdots1）d_{n-1}〕$$

这里已经出现了容易处理的情况，把我们带往这个问题：可以从 m 的表示式看出是否能整除吗？但愿如此：如果 9 可以整除 m，那么 m 所有位数的数字和也必定可被 9 整除。反之亦然：若 m 所有位数的数字和可以被 9 整除的话，m 本身也可以被 9 整除。就这样我们获得了也许在求学时代还记得的说法：一个十进制数可被 9 整除，当且仅当它的所有位数之和可被 9 整除。

我们现在要从更细微的角度，来看看为什么这个命题成立。很显然，这是因为在十进制里，将 10 的次方减 1 所得的每个数，也就是 9、99、999 等，是由 9 组成的数串，所以能被 9 整除。这个美好的整除性质和我们所用的证法，好像是我们采用的数字系统的一大特色。

现在试着脱离特例，进入一般情形。如果是一个有许多根手指、用十七进位制来计数的外星人，或是以八进制来作业的程序设计师，又或是二进制的计算机，这个问题会变成什么样子？

我们现在试着以十进制时用的方法，来分析一般的情况。第二次尝试时，我们假设 m 为 b 进位制下的 n 位数，它的所有位数分别是 d_0，d_1，$\cdots$，d_{n-1}。因此：

$$m = d_{n-1}d_{n-2}\cdots d_1 d_0$$
$$= d_0 + b \cdot d_1 + b^2 \cdot d^2 + \cdots + b^{n-1} \cdot d_{n-1}$$
$$= (d_0 + d_1 + \cdots + d_{n-1}) + [(b-1)d_1 + (b^2-1)d_2 + \cdots + (b^{n-1}-1)d_{n-1}]$$

到目前为止还没有问题。但接下来该怎么办？十进制时，底数的次方减 1 所得的数字算好处理，但是在底数为 b 时，我们不知道这些数字长什么样子。不过，我们最后只需要知道，对于所有的自然数 b 和 k，b^k-1 可以被 $b-1$ 整除。如果可以知道这个事情，那么便可记下与十进制类似的结果，然后将前面的想法推广到一般情形。就如同命中注定，我们可以利用数学归纳法证明 b^k-1 可被 $b-1$ 整除，而且有一个平凡的序幕：

归纳起始点：$b^1-1 = b-1$，显然可被 $b-1$ 整除。

证明过程的第二个部分，也在容易做到的范围内。

归纳步骤：假设 b^k-1 可被 $b-1$ 整除。这仅仅表示，有一个自然数 z 存在，可满足 $b^k-1 = (b-1)z$。那么 $b^{k+1}-1$ 也可被 $b-1$ 整除吗？经过简单的运算，我们可以达到目的：

$$b^{k+1}-1 = b(b^k)-1$$
$$= b(b^k-1)+b-1$$
$$= b[(b-1)z] + (b-1)$$
$$= (b-1)(zb+1),$$

当然是（b–1）的倍数。这表示：对于每个自然数底数 b 和每个自然数 k，若 b^k-1 可以被 $b-1$ 整除，则 $b^{k+1}-1$ 也能被 $b-1$ 整除。这是个毫无缺点的归纳过程。证明完毕。

这件事有非常大的帮助。我们把它与之前的表示式合并在一起：

$$m=（m\ 所有位数的数字和）+\left[（b–1）d_1+（b^2–1）d_2+\cdots+（b^{n-1}–1）d_{n-1}\right]$$

加上已经知道 b–1、b^2–1、b^3–1 等项能够被 $b-1$ 整除，我们便脱离困境了。利用一个自然数 x，就得以写下：

$$m=m\ 所有位数的数字和 +（b–1）x$$

从这里马上就可以看出，对任何自然数底数 b，以下的结果都成立：

以 b 为底数的数 m 可被 $b-1$ 整除，当且仅当它的所有位数之和可被 $b-1$ 整除。

变化原则

我是不是可以通过控制改变问题的某些层面，从新的角度来观察，对原本的问题有更深入的理解，进而解开问题？

高尔夫球不过是昂贵版的弹珠游戏。

——切斯特顿（G. K. Chesterton），英国作家

骆驼是委员会设计出来的一种赛马。

——B. 施勒匹（B. Schleppey），美国记者

福斯贝利（Richard Fosbury）1968 年奥运跳高比赛腾空过杆时，裁判聚在一起，针对他们看见的动作到底是否被允许进行一番讨论。当时发生了什么事？在这之前，跳高选手的主流跳法是先慢慢地助跑，再以腹滚式越过横杆。但福斯贝里却迅速地助跑，左脚当作支撑点，令人吃惊地在横杆前转身，后背朝下越过横杆，这种跳高方式让所有人瞠目结舌。一开始，大家把这位过去未曾于跳高比赛项目露脸，自称是二流运动员的福斯贝利视为小丑，还嘲弄他。但等到 1968 年 10 月 20 日墨西哥市奥运跳高决赛当天，他在 4 个小时的竞赛后让横杆升到新纪录高度 2 米 24 时，便没有人嘲笑他了。福斯贝利成功跳过这个高度，赢得金牌。他自创的福斯贝利式（背向式）跳法，在短时间内便盛行全世界。

在这个章节里，我们要来看变化原则。福斯贝里从根本上改变了跃过横杆的方式，而且达到前所未有的成功：这是个解决"跳高问题"的崭新方式。在这里和许多情况下，目标明确的改变策略是十分有益的。这种策略几乎可以针对所有问题，在与问题保持任意距离的情况下提出新的但类似的问题，其答案可以为原始问题提供新的见解。

如果我用了够多不同的方式做了够多不同的事情，我终究有可能做对某件事情。

——艾胥利·布里恩特（Ashleigh Brilliant），柏克莱的街头哲学家

我们就以法兰德斯数学家斯蒂文（Simon Stevin，1548—1620）对于斜面上受力分布的研究为例，这个研究被当成是杠杆定律的里程碑。斯蒂文想弄清楚，像下图这样，一条线的两端绑着砝码，放在两个不同斜面的同一高度上，会发生什么情况，两个砝码又会在什么时候达到平衡。

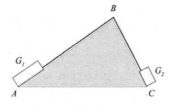

图 56　斜面上的砝码

为此他想出一个巧妙的想象实验，完全符合改变策略的精神。第一步，他先将砝码与线改成挂在三角形两边的可动滚珠链。

图 57　挂在斜面上的珠链

第二步，他补了一段珠链，变成一条闭合的珠链，且每单位长度

的重量为 g。

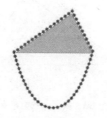

图 58　挂在斜面上的闭合珠链

现在只可能有两种情况。链子若不是开始移动，就是处于静止状态。如果移动的话，链子的状态并不会改变：如果滚珠能够任意小，在小小的移动后看起来还是像图 58 一样。在没有摩擦力的情况下，珠链会永远处在移动状态，呈现一种"永恒运动"的状态，也就是一种不需从外界获得能量、靠着本身的动力就能维持并且做功的运动。但斯蒂文已经知道这是不可能的，所以珠链一定处于静止状态（反证法！）。

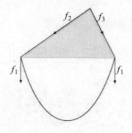

图 59　斜面上的受力状况

考虑到对称性，斯蒂文就能够断定，左边和右边受到同等的作用力 f_1。因为分析的是珠链的静止状态，所以链子的下半部可以舍弃。因此图 58 的力学结构便与图 57 相等。现在，若 G_1 和 G_2 分别为边长 c 和 b 的三角形两边上悬挂的重量，那么

$$G_1 = c \cdot g$$
$$G_1 = b \cdot g$$

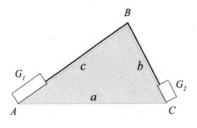

图 60　斜面上的力平衡

由此便产生著名的杠杆定律：

$$G_1/G_2 = c \cdot g \ / \ b \cdot g = c/b$$

用文字来说明就是：如果重量 G_1 和 G_2 与三角形边长成正比，就会达到平衡位置。或是换个方式来说：在同高度的斜面上，相同的重量造成的作用力与斜面长度成反比。这个关于我们生存世界的定律，并非经由实验结果，而是通过特别迷人的方式，使用才智深思熟虑而来。一个 500 年前精妙、极富机智的改变策略。直到今日，我们还是能够感受到斯蒂文当时欣欣鼓舞地用他的母语佛莱明语[①]喊出："Wonder en is

图 61　斯蒂文著作《流体静力学原理》的封面

————————

① 比利时荷兰语的旧称。

gheen Wonder.（多么神妙，却又并非无法究其蕴奥。）"而且把这个图如同徽章一样，骄傲地呈现在他的著作《流体静力学原理》封面上。

我们现在来看看其他运用到变化原则的例子。

上山和下山

一个登山客早上 7 点开始爬山，17 点抵达顶峰。他在小茅屋里过夜，隔天早上 7 点循着原路下山。下山时他思考着，有没有哪个地点，他在上山与下山时刚好在同一个时间点经过。

我们可以思考，上山和下山时的速度是否有影响，是否与路径有关，或是具备这项性质的地点会在什么时间走到。但这些想法十分不利解题，就算能用它们成功解开问题的绳结，也得大费工夫。洞察问题更简单的方法，是在不改变其本质的情形下变化问题。

首先，我们将题目改成分别是两个人上山和下山。用两个人！很明显地，这对问题的本质来说是个微不足道的变化。其次，我们让两个人并非相隔一天，而是在同一天同时于早上 7 点出发。同时间用两个人！一个人从山脚走向山顶，另一个人从顶峰走向山脚。同时间用两个人，但让彼此能相遇！如此一来，问题所问的地点便是两人交会的地方。两人相遇的点必定存在，因为他们是在同一条路径上对向行走。采取的两项变化以绝妙的方式穿越弥漫不清的迷雾，让答案显得平凡无奇。

军中变革

在美国哈佛大学，每年都会颁发"搞笑诺贝尔奖"，给那些本身立意严肃但具有幽默滑稽特色的研究工作和活动。2000 年的和平奖得主是英国皇家海军，获奖理由是他们在军事行动方面做了值得效法的改变。演习时，皇家海军为了省钱，枪手不射空包弹

和空包手榴弹，而是让他们对着目标发出"砰！砰！"的喊声。这个措施一年可省下超过 100 万英镑。但在受访时，许多水手都十分郁闷，因为他们的勤务成了笑柄。

每一个灵感都值得受到奖励，或是至少自己给自己赞赏。在每个赢得新知的时候犒赏自己，保持思考的喜悦。或是你可以像阿基米德一样，大声欢呼，但最好别像他一样没穿衣服在田野间边奔跑边呼喊："我找到了！我找到了！"在这个有名事迹之前，发生了什么事呢？赫农二世（Hieron II）成为叙拉古（Syrakus）的新统治者。为了适当地感激众神的宠爱，他想奉献一个纯金打造的皇冠向众神致谢。为此，他交给金匠一块可观的金条，用它来打造这个皇冠。但赫农二世怀疑金匠私吞了一部分的黄金，没有将整块金条用在皇冠上。虽然测量的时候发现皇冠和原本金条的重量相同，但金匠仍有可能将一部分的黄金偷换成较不值钱的金属，尽管分量没多到影响黄金的颜色，却足够让他赚取暴利。

在此背景下，赫农二世拜托当时赫赫有名的阿基米德再检查一次皇冠。

阿基米德（前 285—前 212 年）当然知道，其他金属的密度不可能和黄金一样。如果金匠将一部分的黄金换成同等重量但密度较大或较小的金属，那么皇冠的体积必会小于或大于金条的体积。但是要如何决定皇冠的体积？皇冠的形状十分不规则，几乎不可能使用传统的方法得知。

阿基米德思考了很久，想找出可能的方法——有一次他去公共澡堂，也在思索这个问题。就在那里，他灵光乍现。他坐进放满水的浴池，发现水往外溢。从这个现象，他得出一个结论：身体的体积会等于溢出的水的体积。阿基米德马上跳出浴池，一边大喊着"我找到了"，一边跑回家。他利用类似的程序（类推原则）定出皇冠的体积：将皇冠放进一个装满水的容器，收集溢出的水，接着再与等重金条放到水中溢出的水量比较。根据传说，阿基米德向国王证明了金匠偷工减料。

现在我们来看一些具体的数学问题，学习使用变化原则。

道路工程障碍。

在 A 地和 B 地之间应该建造一条道路，越短越好。有条宽度为 d 的河流分隔两地，此外就没有其他东西阻碍道路工程进行。应该在哪个位置造桥跨河呢（方向当然要与河流垂直）？

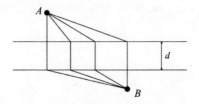

图 62　A 地和 B 地之间可能的路线

我们的第一个建议：简化问题！简单就是力量。把河流想成一条宽度为零的涓涓细流，改变问题。如此我们就必须在脑海中把河的南岸和 B 地往北移 d 个单位。河的南岸便到了北岸，而 B 地移到了 B* 地，也有了新的位置图：

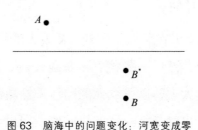

图 63　脑海中的问题变化：河宽变成零

经过小小的整容手术后，河水不再是阻碍。但这也表示：A 地和

$B*$ 地之间的联机最短，也是变化后的问题的答案。

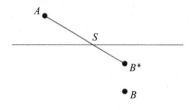

图 64　变化后问题的解

　　针对原本的问题，我们可以看出什么？如果把图 64 的情况再改变一次，将河的南岸、$B*$ 地和一部分的联机向南移 d 个单位，便可以看得一清二楚。这样就得到下图：

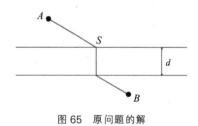

图 65　原问题的解

　　现在就很清楚，在考虑障碍物的情形下，要如何设计 A、B 两地间的联络道路：把 A 点和辅助点 $B*$ 之间的联机切开，一部分往南移 d 个单位，然后再在 S 点盖一座桥，以符合过河的需求。

赛局理论的关键时刻。

　　K 先生和他的太太在玩以下游戏：K 太太洗一副有 52 张的普通扑克牌，放在桌上，然后一张接着一张翻开最上面一张牌。K 先生可以随时打断他的太太，以一欧元的赌注（输赢都是一欧元）赌下一张牌会是红色，也就是红心或方块。他一局只许赌一次，倘若中途都没打断翻牌，他就一定得赌最后一张牌。K 先生应该采取哪种策略？

即使对一个天天训练，喜好苦思冥想的人来说，这也不是件简单的事。我们可以猜测，K 先生可以等到剩下的牌当中红花比黑花还要多时，再下赌注，给自己制造机会，这样一来他赢的机会就大于 50%，等于红花占剩下牌的比例。这是我们第一次尝试缩小理解上的差距。但这尝试一无所成，因为令人不悦的是，这种有利的状况有可能永远不会出现。如果没出现的话，K 先生便有可能因为他的策略陷入失败了一方。事先无法知道如何推测整体情况。为了还是能执行策略，我们假设 K 先生采取某种任意停止策略 S。这个策略就是，要么直接在第一张牌下注，或是不下注让一半的牌翻完，或是像刚刚提到的，等剩下的牌当中红花的比例大于 50%，如果这种情况没出现的话，赌最后一张牌也好。

现在必须来一个新的点子。我们把想法放在改变游戏规则，但不改变 K 先生赢的概率。新的游戏版本中，K 先生还是像之前一样打断他太太，但他却不是赌牌堆的下一张，而是最后一张牌。

这个游戏规则变化会带来什么结果，或是不会造成什么影响？有一件事很明显：这当然是一种新的游戏，但是 K 先生获胜的机会仍然保持不变。我们很容易察觉，最后一张牌在任何停止位置是红花的概率，和下一张牌是红花的概率一样。也就是说，上面提到的停止策略 S，在新的游戏中的获胜概率和在旧的游戏中相同。有了这番启示，就很容易看出游戏的本质。严格说来，新的游戏也就是个差劲又无聊的游戏：如果牌堆的最后一张牌是红花的话，K 先生就赢，反之则输。换言之，与他选的策略毫不相干。这项进一步的洞察带领我们找到答案。在任意选择的策略下，K 先生的获利期望值为：

$$(+1) \cdot P (最后一张牌是红花) + (-1) \cdot P (最后一张牌不是红花) =$$
$$(+1) \cdot 1/2 + (-1) \cdot 1/2 = 0$$

所得的结论：这是个公平的游戏，K先生虽然有时候赢，有时候输，但平均下来没输没赢。另外，不管K先生使用何种策略，游戏仍保持公平，不仅没有能让K先生取得优势的策略，也没有让他平均来说居于劣势的策略。

不变性原理

系统里有没有一些性质，是在系统本身允许改变时也保持不变，而从这些性质可以推导出系统可能的发展结果的呢？

我们随时提供午茶轻食。

——法国蒙马特艺术家餐厅里的告示牌

我们提供各种语言的复印件。

——印度一家影印店的公告

不变性（invariance）的意思就是不会改变。一个能够操作或改变的系统里如果具有在过程中不会改变的部分，这些部分就称为不变量（invariant）。

不变量的概念在许多领域都出现，在自然科学中特别有用。整个宇宙中最重要的不变量便是光速。光速的不变性原则，是爱因斯坦狭义相对论的基石。我们现在就来稍微详细探讨这件事。

所有的一切都从那个已经成为传奇的实验开始。1887 年，迈克逊（Albert Michelson）和莫雷（Edward Morley）为了证明"以太"这种神秘物质是否存在，于美国克利夫兰展开了实验。当时的顶尖物理学家都认为，宇宙中充满以太，作为光传播的介质，就如声波在空气中传播一般。地球在轨道上绕太阳公转时仿佛被以太风吹过，因此逆着以太风的光线，测得的速度应该会比垂直于以太风方向的光线来得慢。

一连串特别重要的尝试开始于 1887 年 7 月。在进行昂贵测量的期间，为了不让精密的仪器受到干扰，还把克利夫兰的道路交通全部封闭。尽管如此，迈克逊和莫雷在分析完测量数据后，仍宣布实验失败。总之，他们并没有测量到光的传播速度差异，这让物理学家大感意外。

但为什么这个结果会引起骚动？这是因为，我们在平常的物质世界里，习惯了所有的速度是可以相加减的。例如火车上有个乘客朝着火车前进的方向行走，从最后一节车厢走到餐车，在火车外的静止观察者看来，乘客移动的速度便是火车速度和本身行走速度相加之和。由此类推，大家就会预期，移动中的物体发出的光线也会是这个情形，对静止观察者而言，以太风与地球之间的相对运动必会影响光的传播速度。然而，迈克逊和莫雷的测量结果却显示不是这么回事。测量的结果实在不可思议，他们甚至怀疑自己所做的量测值，不相信实验结果。

但到了 20 世纪初，有个人不这么想。这个人认为迈克逊－莫雷实验提供了正确的数据。他认为光速不会像其他速度一样能相加减，主张光速的不变性。他提出这个想法时，他还只是瑞士伯尔尼专利局的三等技术员。他的名字是阿尔伯特·爱因斯坦。

爱因斯坦将光速视为绝对、恒定不变的速度，与参考坐标无关，也与光源或观察者或两者是否处于运动状态无关。爱因斯坦利用想象实验，进一步思考和发展这个想法。在这当中，他偶然想到了时间流逝的问题。爱因斯坦在脑袋中解释，如果时钟有或快或慢的运动速度，会发生什么情形。通常每种计时法都以某种周期性的事件为基础，例如钟摆、石英或原子的振荡。如此一来，时间的流动便可分为等长的间隔，然后就能计算。

举例来说，我们现在有一个所谓的光钟。它的构造就只是个圆柱，顶端装了闪光灯泡，会以 $c=300\ 000$ km/s 的速度朝圆柱底部发射出闪光信号。圆柱底部装了一面镜子，可将信号反射回顶部，此时顶部的计数器便往上加一个单位，并立刻射出下一道闪光。如果圆柱的长度 $l=15$ 厘米的话，那么这个光钟的时间节奏就为：

$$Dt=2 \cdot 1 /c=2 \cdot 0.15 \ m \ / \ (3 \cdot 10^8 m/s) =1 \cdot 10^{-9} s=1 \ ns$$

也就是 1 毫微秒（即十亿分之一秒）。

换句话说，光钟只是个具有特定长度的装置，有个光子在里面不停地来回振荡，因为它总是会从下方的镜子反射回来。

图 66 显示了静止观察者所看到的光钟，或是像物理学家说的，是从静止坐标系的角度来看。但如果光钟以速度 v，沿着垂直于光子在圆柱内移动方向的方向前进，会发生什么事？如果光子从发出闪光的那一刻便开始计时，或是用我手上电子表使用说明上的语言："时间从现在开始。"

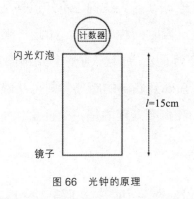

图 66　光钟的原理

从光钟系统之外的静止观察者眼中看来，光子在运动系统里跑的路径是斜线。根据牛顿物理学，光钟内的光子因为速度相加，移动的速度必定会比 c 还要快。但是爱因斯坦将光速恒定原理考虑进去，所以对静止观察者来说，在移动光钟里来回斜线振荡的光子的移动速度也是 c。但现在它从顶端到底部所走的距离较长，因此对光子本身而言，从圆柱顶端到达底部所花的时间较久。这就是光速恒定不变的简单结果。也就是说，比起静止的光钟，移动的光钟具有较长的周期，在里面时间走得比较慢。运动中的时钟走得比较慢，这是相对论奇妙惊人的结果之一。这种现象称为时间膨胀，不仅发生于光钟上，任何一种过程甚至时间本身，都会出现这个效应。

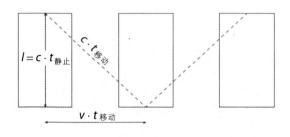

图 66 光钟的原理

为了量化这个现象，我们先来考虑静止光钟里的光子，从圆柱顶部走到底部需要多少时间。我们称这段时间为 $t_{静止}$。于是，顶部到底部的距离就会是 $c \cdot t_{静止}$。我们还不知道移动光钟里的光子需要多少时间，就先把这段时间称为 $t_{移动}$。如此一来，移动光钟里的光子走过的距离长度就是 $c \cdot t_{移动}$。而整个光钟向前移动的距离等于 $v \cdot t_{移动}$。至于圆柱顶部到底部的距离，则可从静止光钟来判断，也就是 $c \cdot t_{静止}$。因为我们要处理的是一个直角三角形，所以可以使用勾股定理，得出：

$$(c \cdot t_{静止})^2 + (v \cdot t_{移动})^2 = (c \cdot t_{移动})^2$$

也可写成：

$$(c \cdot t_{静止})^2 = t^2{}_{移动}(c^2 - v^2)$$

或是：

$$t^2{}_{静止} = t^2{}_{移动}(1 - v^2/c^2)$$

即:

$$t_{移动} = t_{静止} / \sqrt{1 - v^2/c^2}$$

这就是爱因斯坦著名的时间膨胀公式。如果移动速度为 v，时间本身就会比静止状态下走得慢，而且慢了 $\sqrt{1-v^2/c^2}$ 不过，对于出现在日常生活中的速度，这个效应非常小，根本感觉不到。但这是个真实的效应，并非表象或是幻觉。它牵涉到相对于静止状态的时间差，得靠足够精确的时钟才能测定出来。

> *"你指的是现在吗？"*
> **——美国职棒明星球员尤吉·贝拉（Yogi Berra）对下面这个问题的回答："现在几点？"**

因为爱因斯坦，时间失去了它在牛顿物理学上及日常生活经验中的绝对特质。这是相对论既迷人又令人吃惊的结果。天才地超越了日常生活现实。由于这个和其他的结果以及他本人的个人特质，爱因斯坦很快就跃升到流行文化的偶像地位，几乎就像之后的摇滚巨星。

爱因斯坦——生平和成就

1905 年的某天早晨，爱因斯坦带着兴奋万分的感觉醒来，此时他还是瑞士专利局的职员。前一天他与朋友贝索（Michele Besso）针对空间与时间有一番具有启发性的讨论，此刻他脑海中正是对于狭义相对论的初步想法。大约 6 个礼拜之后，他便将完成的论文交给《物理学年鉴》（*Annalen der Physik*）期刊的编辑，准备发表。几个礼拜过后他发现一些没考虑到的事情，并寄了 3 页的补充。在一个熟人面前爱因斯坦提及，他对于这个结果的正确性也不是十分有把握。但他在论文里却充满自信地以下面这段文字开始：“不久前我在此发表的电动力学研究结果，有个十分有趣的结论，本文中就要推导这个结论。”在论文结尾的最后 6 行他终于写下了它。一个改变世界的公式：$E=mc^2$。

相对论的其中一个重点在于，太阳的质量会使从附近通过的光的路径发生弯折。遥远恒星发出的光在到达地球时，就算只是受到极小的影响，仍会在太阳附近被偏折。1919 年，两组科学探险队出发前往热带地区，计划在观测 5 月 29 日的日全食时，测量太阳重力场里发生的光弯折现象。其中一组在英国天文学家爱丁顿（Arthur Eddington）带领下，前往西非几内亚湾的普林西比火山岛。第二支队伍则在巴西的索布拉尔（Sobral）观测日食。爱因斯坦根据自己的理论做了预测：“从太阳附近通过的星光会偏移 1.75 弧秒。”

9 月 22 日，极度费时的观测结果分析才完成了一部分，荷兰诺贝尔奖得主洛伦兹（Hendrik Lorentz）就发了电报给爱因斯坦：“爱丁顿发现太阳表面附近的星光偏移，暂时的大小介于十分之九秒到两倍的值之间。”爱因斯坦收到电报时，正坐在母亲的病榻旁。

1919 年 11 月 6 日，在伦敦皇家学会的会议上正式公布了两支日食观测队的结果，爱因斯坦的理论获得证实。皇家学会主席声明：“这个结果是人类思想史上最伟大的成就之一。”爱因斯坦一夜成名。几乎没有一家报纸没有用极度赞美之词报道他。“世界史上的新伟人”这句话写在 1919 年 12 月 14 日的《柏林画报》封面爱因斯坦的照片底下。

1971 年，物理学家哈费勒（Hafele）和基廷（Keating）进行了一项有趣的实验，直接测量相对论性的时间膨胀。这两位科学家在飞机上同时放了 4 台铯原子钟，一次往西，一次往东环绕地球一圈，并精确记录时间。飞行实验的结果十分准确地证明了爱因斯坦的理论所预测的时间膨胀效应。往东飞的飞机上，4 台铯原子钟分别慢了 57、74、55 和 51 毫微秒，与理论估计值 40±23 奈秒相符。而往西飞的飞机上，钟分别快了 277、284、266 和 266 毫微秒，也符合理论值 274±21 毫微秒。因为飞行运动的测量是相对于地球表面来做的，且地球并非等速直线运动的系统，故让实验复杂了起来，也因此会与理论值有误差。到此为止，我们的郊游已到达现在事物的边缘。

> 爱因斯坦移居美国，来到普林斯顿高等研究院时，已经举世闻名。一大群人跑来听他的第一堂讲课。爱因斯坦说："我根本没想到美国人竟然对张量分析那么感兴趣。"
>
> ——出自伊夫斯（Howard Eves）：
> 《数学回忆录》（*Mathematical Reminscences*）

　　不变性原理是用途十分广泛，极为有效的启发式思考工具，因为在许多领域和问题情境中都可以发现不变量的踪迹，特别是在数学这个领域。总而言之，不变量是个可指派给特定数学对象的量，即使对象本身有变动，这个量也不会改变。以下是个典型的应用：我们必须研究一个特定情况，此情况可能受到一定的变化，在这些变化里有一个性质保持不变，这便是不变量。我们将它称为函数 f，然后假设有一个真正的起始状态 A 和所求的最终状态 B。如果不变量：

$$f(A) \neq f(B)$$

那么我们就不可能借着情况可能发生的变化，从起始状态转变成所求的最终状态。

　　我们现在用下面的例子来说明不变性原理的应用：

　　总共有 2n 个碗排成圆形。每个碗里有一颗球。每次随机选一个碗，如果在它左右两边的碗中还有球，便将这两颗球放到选中的碗里。如果左右两边的碗里没有球的话，就什么事都不做。一连串的动作之后，有可能所有的球都放进同一个碗中吗？

第一步，先写下 $m=2n$，并将碗标上 0，1，$\cdots$，$m-1$。另外我们再定义一个量 s：

$$s=0 \cdot a_0+1 \cdot a_1+2 \cdot a_2+ \cdots + (m-1) a_{m-1}$$

a_k 代表编号 k 的碗中的球数。现在我们来研究每做完一次动作后，s 这个量的表现。假设我们从 k 碗的左右两个碗中各拿了一颗球放在 k 碗里。新的量 S 因为经过 $a_k \rightarrow a_k+2$ 以及 $a_{k-1} \rightarrow a_{k-1}-1$ 和 $a_{k+1} \rightarrow a_{k+1}-1$ 的变化，与旧的量 s 相比就是：

$$S=s- (k-1) - (k+1) +2k=s$$

换句话说，这个描述状态的量是个不变量。另外我们也看见，起始状态下的量就等于：

$$S_A=0+1+2+ \cdots + (m-1) =m (m-1) /2$$

而且不能被 m 整除，因为 $(m-1) /2$ 并非自然数。另外，所求的最终状态下的量为 $S_B=k \cdot m$，显然可以被 m 整除。因此，S_A 和 S_B 必定相异。结论就是：所求的最终状态无法从起始状态达成。

寻找和应用不变量，属于所有聪颖解题者心智上的肢体语言。成功辨别出不变量常常变成有利的辅助工具，因为你可以借由不变量找出许多方面差异十分大的情况有什么共同性质。

所有生活情境下都会遇到不变量。有个基本的例子，就是在洗牌的时候。在一共有 32 张牌的"斯卡特"牌戏中，洗牌时牌数和 J 的张数保持不变，但两张牌之间的距离会改变。这再明显不过，几乎不必说也明白。但如果洗牌时只允许切牌，便新增了一个有趣的不变量：任意两张牌之间的相对位置。举例来说，如果在切牌之前梅花 J 是在方块 Q 下面的第五张，那么任意切牌之后的情况仍然是如此，譬如 n 张牌在没有改变顺序的情况下从牌堆上方挪开摆到桌上，然后将剩下的 32−n 张牌堆一起摆到 n 张牌的上面。在切牌过后，梅花 J 还是在方块 Q "之后"被发出来，如果"之后"被理解成牌堆最后一张牌发完后再从最上面继续。会发生这个情况，是在切牌时如果切到方块 Q 之前或包含这张牌的时候。

排列下的不变性。

　　1978 年 12 月 2 日在沙特阿拉伯的吉达（Jiddah），有位父亲同时把两个女儿嫁出去，但在交手给新郎时却弄错了。典礼时，他糊涂地将两对新郎与新娘的名字搞混。婚礼几天后，两个女儿和父亲解释她们不愿意离婚，因为两人对各自的丈夫都十分满意。

　　　　　　　　　　　——出自《穆斯林询问报》，1978 年 12 月

　　最后，我们来展示第二个成功应用新工具的案例。

　　前往动物世界探险："我的变色龙是什么颜色？"一个小岛上住着 13 只灰色、15 只咖啡色和 17 只粉红色的变色龙。如果两只不同颜色的变色龙相遇，它们会同时改变成第三种颜色。两只同色的变色龙相遇的话，则什么事也不会发生。有可能小岛上的所有变色龙最后都变成同一种颜色吗？

　　不变性原理将可决定问题的答案。但我们必须先建立行动所需的一般条件。如果将灰色、咖啡色、粉红色这三种变色龙的只数 13、15 和 17 分别除以 3，余数分别为 1、0 和 2。在简短的思考准备后，不变

性原理的有效程度大到解答几乎是一眼就能看出。任两只变色龙相遇之后，各颜色的既有数量除以 3 的余数仍是这三个数（不一定非得同个顺序）。第一次相遇后，余数分别是 0、2、1，不管是哪两种不同颜色的变色龙相遇。下一次会变色的相遇时，余数就变成 2、1、0，接着是 1、0、2，又回到初始状况下的余数。我们可以从不变的余数中得出什么结论？就是这个：在变色龙族群里一定至少有两种颜色存在，而且所有 45 只不可能变成同一种颜色，这样子便会出现 0、0、0 的余数。

这又是一个使用不变性原理得到的知识。

⑫

单向变化原则

在系统经历了可允许的改变下，系统中有没有一些性质只会以一种特定方式改变，且从这些变化可以推断出系统可能的发展？

我们德国人好在没有人
疯狂到找不到另一个
比他疯狂的人来了解他。

——海涅（Heinrich Heine），德国诗人，1797—1865

不进则退。

——罗森塔尔（Philip Rosenthal），企业家，1916 年出生

　　在讨论不变性的章节里，我们思考了恒定不变的事情——在系统发展的演变过程中保持不变的系统性质。光速被称为是宇宙中最重要的不变量。除了光速之外，守恒量的概念对整个物理学而言都十分有用，可带出丰富的结果。如果我们知道系统中的不变量，那么只要发现不变量改变，便可以很容易地确定系统本身发生了不被允许的改变。

　　整个物理学里面，除了光速恒定原理之外，能量守恒定律也属于最重要的守恒定律之一。这个定律是说，在封闭系统里的总能量保持不变。虽然在系统运作的过程当中，能量可以转换成不同的能量形式，例如将动能借由摩擦力转变成热能，但平衡状态保持不变。封闭系统里，能量既不会减少，也不会增多。反过来说，会改变一个封闭系统总能量的这种假想过程，在物理学上是不可能发生的。静止在地板上的球不会突然飞到桌上；若将静止的球看成一个系统，则必须提供它能量，才能飞到桌上。

因此，能量守恒定律可以当成排除原则，因为它很明白地说，凡是总能量不守恒的过程，都不可能存在于自然界中。但另一方面，并不是所有满足能量守恒定律的过程都真的会发生。想象一下你坐在桌边，面前有杯咖啡。如果一不小心，咖啡杯也许会掉到地板上，打碎，咖啡流到你的波斯地毯上。不是件好事，但是在可能范围以及我们的世界里，这种事情一定发生过不止一次。然而你观察过以下过程吗？波斯地毯上的咖啡马上冷掉。这让能量被释放，有了这些能量，咖啡可以流向杯子，而杯子同样也是因为碎片冷却释放的能量，重新组合成原样，最后杯子接住咖啡，再跳回到桌上。除了冷却过程外，完全是与刚发生的相反，如果把影片倒带就会看到的画面。但你一定没见过这种现象，而且会说这是不可能的事。但这是为什么呢？能量守恒定律并没有禁止这种事发生啊。事实上，几乎所有的自然律都具有时间对称性，时间倒流时不需要重新改写。如果只需遵守这项自然律，那么在时间反转时就会发生相对应的过程。但在我们的生活经验中，时间只会往前不会后退，我们可以在空间里前进与后退，但在时间上却不行——未来总有一天会变成过去，但却不会反过来——这样的生活经验，并未反映在大部分的自然律中。

> 宇宙里充满神奇的事物，耐心等待着我们的感官变得敏锐，可以察觉到它们的存在。
>
> ——菲尔普斯（Eden Phillpotts），英国作家（1862—1960）
>
> 信条。"要学数学，孩子。它是进入宇宙的钥匙。"
>
> ——在电影《魔翼杀手》里饰演大天使加百列的克里斯托弗·华肯，对一群站在学校阶梯上的学生说道

因此，除了能量守恒定律，必定还有一个决定事物运作流向的系统量。事实上正是如此！这个物理量就是熵（Entropie，英文是

entropy）。熵有个精确而严格的专门定义，但对于我们此处的目的，只需要将它想象成一个度量系统乱度的数。熵值越低，系统越有秩序，乱度越小，而熵值越高，乱度越大，越无秩序。这个很快就令人印象深刻的概念，是 19 世纪时由克劳修斯（Rudolf Clausius）提出来的，他根据希腊文动词 entrepein（逆转）造了 Entropie 这个词。熵告诉我们，哪些过程可能是可逆的，哪些是不可逆的。就哲学上而言，熵量比许多其他的系统性质还有趣，因为和其他物理量与定律不同的是，它对时间的方向指出了一个条件。

叔本华（Schopenhauer）的熵命题

　　把一匙酒放进一桶污水里，得到的是污水。把一匙污水放进一桶酒中，得到的还是污水。

　　克劳修斯在他的基础著作的结尾写道："宇宙中的能量是恒定的。"以及："宇宙中的熵会趋于最大值。"

　　第一句是在描述能量守恒定律。克劳修斯利用第二句，陈述熵必增加的定律。封闭系统里的总熵值不会减少。这个基本定律是唯一一个决定物理过程优先方向，因而也是负责时间方向的自然律。伴随着熵值增加的过程，会自发进行，若没有从别处提供能量的话，是不可逆的。以下事实也正确：在可逆过程中，熵必定保持不变。但另一方面，只有在提供外部能量的情况下，熵减少的过程才有可能发生。若没有外部能量，这些过程便不会发生。

　　正因为有熵定律，才有未来和过去的根本差别。大致来说，未来是熵值较大的地方。以熵当作描述系统状态的量，有个重要的结果就是，它会有许多具有特殊本质的超距作用。一个排好的拼图，会让拼图碎片丧失了成堆及失序的本质。拼图是一个熵减少的过程，需要拼图者主动参与。完成的拼图只有在拼图者给予能量时，才会是一堆拼图碎片未来的一部分。

根据物理学家索末菲（Arnold Sommerfelds）的名言，熵在某种程度上担任大自然的导演，决定旅程的方向，能量只是担任会计的角色。

我们把熵称为一种单方向变化的量。在一大段铺陈后，我们终于到了这个章节的主题。单向变化量的意思，就是指那些只朝一个方向改变的系统性质。举例来说，年龄就是一个（不会减少的）单向变化量。另外像是运动竞赛纪录，如赛跑、掷远和跳高比赛的世界纪录，也都属之。另一个（递减的）单向变化量，是室温下热咖啡的温度，或是摆荡中的钟摆在受到摩擦力作用后的摆幅大小。

单向变化量在形式思考而言上也是十分有用的工具。单向变化量与不变量之间存在着一定的关系。有一些问题情况里并没有可利用的不变量，但至少有一些执行特定运算时只会递增或递减的量，也就是单向变化量。就连日常生活里和科学上，也会出现许多单向变化量。要如何使用单向变化量来当作解题的辅助工具呢？

在以下两个典型的情况中，单向变化量就很有用：想象一个系统（不管是一个方程式、一群人，或是一个几何对象），系统中能发生某些操作（例如除以某个数、一群人里两两握手，或是对于特定直线作镜射）。我们有兴趣知道，系统的某些量会发生什么行为。例如：系统的量会变成哪些值？系统可能变成什么状态？系统绝对不可能接受什么状态？这些非常一般化的问题，都能通过单向变化量的巧妙运用来解决。

有时我们想证明，在系统变化过程的某个时间点，事件 E 必定会发生。在此条件下，通过以下的考虑便能达成目标。我们可以试着找到一个单向变化量，它在系统状态改变时也会改变，但仅具备有限状态，所以只能做出有限的改变。如果有可能证明，单向变化量在事件 E 发生后就停止改变，便证明了事件 E 绝对会发生。

另一方面，如果我们想证明在系统变化过程中绝对不可能发生事件 E，就只需找出只会往一个方向改变的单向变化量，而事件 E 的发生会让这个单向变化量不可避免地往另一方向改变。相较于第一个标准运用，即证明某个事件会发生，检验系统不可能出现的状态，或是系统变化过程里不可能发生的事件，只需要利用单向变化量的薄弱性质。证明无法出现或不可能发生时，单向变化量不必只具备有限状态，它在系统变化期间也可以保持不变。

我们现在用几个明确的应用来阐述单向变化原则。

不必与敌人同欢

有 $2n$ 位大使受邀参加一个庆祝会。每位大使在这群人中最多有 $n-1$ 个敌人。请你证明，在圆桌上会有一种座位安排，可让每位大使都不会坐在自己的敌人旁边。敌对可以视为大使彼此间的对称关系：你是我的敌人，我也是你的敌人。

解：我们就从随便一种座位安排开始。f 表示敌对者坐在一起的对数。现在要找的是一个可以应用在所有座位安排上，并持续缩小 f 的方法。为此我们假设敌对大使 A 和 B 坐在一起，B 坐在 A 右边。

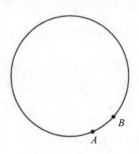

图 68　敌对大使 A 和 B

A、B 两位大使必须分开来坐，且要尽量不让桌子的其他位子新出现敌对者坐一起的情况。我们可以通过以下方式，不制造干扰地将 A、B 分开。假设 C 是 A 的朋友，坐在 C 右边（逆时针方向）邻座的 D 是 B 的朋友，如图 69。

接着，我们就把以 B 大使为起点、C 大使为终点的弧线作翻转，让两人的座位互换。敌对者坐在一起的对数 f 因为交换座位而减少，

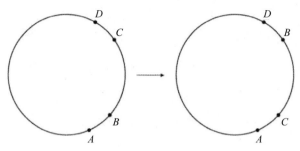

图69 排除敌对大使A与B坐在一起的状况

因为 A、C 和 B、D 均为友好的朋友。

但总是有 C、D 这样的一对大使吗？

一定有！但是为什么呢？要看出这点，我们从 A 开始，以逆时针方向检查座位安排。我们会遇上至少 n 个 A 的朋友。这 n 个座位的右边不可能都坐着 B 的敌人，因为 B 和其他人一样最多只有 $n-1$ 个敌人。如此一来可以找到 A 的朋友 C，而 C 的邻座 D 是 B 的朋友。这样就可达到所求。

因此，我们可以通过上面描述的方法，将坐在一起的敌对大使分开，将 f 数变小，从最刚开始的座位分配产生的值缩小到 0。

舞蹈老师的理论

一间舞蹈学校有 $4n$ 个学员，分别有 $2n$ 个女生和 $2n$ 个男生。教学时间一开始，先以任意顺序排队。在短暂检视后，舞蹈老师从合适的学员开始，连续挑出 $2n$ 个人，由此可组成 n 对的舞伴（即 $2n$ 个人之中刚好有 n 个男生和 n 个女生）。舞蹈老师表示他每次都可以完成配对。是这样吗？专家证人怎么说？

解：学员从左到右以 1 到 $4n$ 标号。令 m_k 表示标号从 k 到 $2n-1+k$ 的学员当中，男生的人数。如果 $m_1=n$，那么舞蹈老师的说法便没有错。如果不是，可以假设 $m_1>n$，不然的话可以用 m 来当作女生人数计算。此外，$m_{2n+1}=2n-m_1<n$。现在来看 $m_k=i$ 这个情况。那么 m_{k+1} 的值就必须

等于 i 或是等于 $i\pm1$。如果 m 值改变的话，也只会加减 1。不过，因为 m_k 在 $k=1$ 到 $k=2n+1$ 的范围内，从比 n 大的值变成比 n 小的值，所以必定至少有一个位置 s，恰好为 $m_s=n$。于是，从 s 到 $2n-1+s$ 这个范围内，刚好有 n 位女生和 n 位男生。舞蹈老师说的没错。

K 先生的派对

K 先生在他宽敞的房子里办庆祝派对。刚开始时，他的客人随意分布在屋子的所有房间里。客人做客人可以做的事情，他们会走动，有时候"往这边去"，有时候"往那边去"，有时候"往别的地方去"。只要不是所有的客人都在同一个房间里，就会有人偶尔跑到别的房间，但这个房间里的人数至少要和他离开的房间一样多，他才会留在里面。请你证明，最后所有的客人都会待在同一个房间里。

直觉上看来，这十分明显，因为客人真的是从人少的房间渐渐移动到人多的房间。但我们必须把这个感觉上是对的知识转化成证明。

主要的想法也是要巧妙地应用一个单向变化量。我们将 Q 定义为所有房间里的人数的平方和。Q 这个量是个单向变化量，每个人的移动，例如从一间人数是 i 的房间走到人数 $j \geq i$ 的房间，都会让 Q 的值变大。你可以这么看：牵涉到的两个房间的人数平方，从 i^2 和 j^2 改变成 $(i-1)^2$ 和 $(j+1)^2$。于是，平方和 Q 就变为：

$$\left[(i-1)^2+(j+1)^2\right]-\left[i^2+j^2\right]=i^2-2i+1+j^2+2j+1-i^2-j^2=2(j-i)+2$$

因为 $(j-i)$ 不可能为负，因此以上的数值必为正。只要不是所有人都停留在同一个房间，便可能发生转移，而所有的转移又会使 Q 增加。只有让 Q 真的变大的转移才有可能发生。这个过程会持续到所有人都在同一个房间为止，此时 Q 达到最大值，这个状态便不会再改变。

无穷递减法则

我可不可以先替某件事给个例子，然后假设从这个例子一定可以推到越来越小，但实际上不可能永无止境地越推越小，因而证明这件事不可能发生？

世界变得越来越小。

——俗语

　　无穷递减法是应用十分广泛的数学方法。其中一项普遍的应用，是用来证明拥有特定性质、满足某些关系或特殊情况的自然数不可能存在。因此，我们可以在"数论"这门数学领域中，找到无数的经典例子。证明过程是先假设有一个符合该性质的自然数存在，然后从这个假设，推导出有另一个符合同样性质的更小的自然数存在。成功的话，可以再使用一次相同的论证，推导出还有更小的自然数存在。以此类推，只是出现的自然数会越来越小。有点类似单向变化量原则。

　　证明有越来越小、具有特定性质的自然数存在的论证，原则上可以无止境地继续做下去。但无止境地应用下去，却会造成矛盾，因为递减的自然数数列不可能无止境地变小。到 0 之后，就无法再变得更小了。于是，最初假设具有某性质的自然数存在，当然就是错的。在其他证明步骤都符合逻辑的情况下，因为当初假设这种自然数存在，所以才会得到矛盾（反证法）。也就是说，具有该性质的自然数不可能存在。这就是这项技巧的方法核心。

　　费马（Pierre de Fermat）于 17 世纪时发明了这项技巧，并且运用自如。在他去世前写的一封检阅自己数学工作的长信里，提到了这个他称作无穷递减法，并运用在自己所有重要数学结果的法则。甚至也有线索显示，费马认为自己用了这个方法，证明出一个数论命题，也就是今日所称的"费马大定理"。这个命题非常有名，它是说，在自然数 n 大于 2 的情况下：

$$x^n+y^n=z^n$$

这个方程式中的 x、y、z 没有为整数解。

我们这里谈论的并不像其他的定理。我们先让自己置身于 20 世纪 80 年代中期。这个问题悬而未决，三个半世纪以来的解题尝试均告失败，累积了为数可观的解题方法。有一件事很清楚：解题所需的智慧不能只靠强求，甚至还需要一两个奇迹。

在 $n=2$ 的情况下，方程式有无限多组解。这是老早就知道的事，并非什么惊天动地的消息。在数学的特殊语言里，这种自然数三数组 (x, y, z) 称为毕氏三元数。这三个数满足勾股定理，即：

$$x^2+y^2=z^2$$

我们先花点时间谈一谈这些三元数，为稍后理解费马的定理做好准备。

（3，4，5）是一组简单的毕氏三元数，而（4961，6480，8161）是较为复杂的毕氏三元数。如果找到一组毕氏三元数 (x, y, z)，那么 (kx, ky, kz) 也会是一组毕氏三元数，这是因为 $(kx)^2+(ky)^2=k^2(x^2+y^2)=k^2z^2=(kz)^2$。所以，毕氏三元数会有无限多组，当然也可以将这样的一组三元数同除以公因子。这么做很好。如果 x、y、z 互质，也就是三者没有最大公因子，这组数便称为本原毕氏三元数。到这里为止并不困难。

但是我们进一步要问：如何造出本原毕氏三元数？从等式 $x^2+y^2=z^2$，再加上本原三元数的条件，可以推断出，x 和 y、y 和 z、x 和 z 的所有公因子，事实上也是 x、y、z 的公因子。所以可以假定，三个数里面一定两两互质，特别是在本原三元数里不可能有两个偶数。现在假设 x 和 y 都是奇数，例如令 $x=2n+1$，而 $y=2m+1$，n 和 m 为自然数，那么：

$$x^2+y^2=（2n+1）^2+（2m+1）^2=4n^2+4n+1+4m^2+4m+1=$$
$$4（n^2+m^2+n+m）+2=z^2$$

因此，z^2 除以 4 余 2。但这根本不可能，因为如果 z 是偶数，z^2 必定能够被 4 整除，而如果 z 是奇数（$2k+1$），那么 $z^2=（2k+1）^2$ $=4k^2+4k+1$ 除以 4 的话，余数是 1。因此我们可以说（反证法），x、y 当中只能有一个是奇数。因为 z 和 x 或 z 和 y 互质，所以 z 必定也是奇数。这个情况对于 x 和 y 而言是对称的。如果我们假设 x 为偶数，那么 y 便为奇数，且 $z+y$ 和 $z-y$ 为偶数。另外：

$$x^2=z^2-y^2=（z+y）（z-y）=4〔（z+y）/2〕\cdot〔（z-y）/2〕=4ab$$

其中的 $a=（z+y）/2$，而 $b=（z-y）/2$。像上面一样，我们可以推断出 a 和 b 互质。因为 a 和 b 的每个公因子也会是 $z=a+b$ 和 $y=a-b$ 的公因子，但 z 和 y 互质，所以根本不可能存在这种情况。因此，$x^2/4$ 的每个质因子不可能同时为 a 和 b 的质因子。

因此，a、b 也必为平方数。我们可以写成 $a=v^2$ 和 $b=w^2$，其中 v、w 为适当的自然数。当然，v、w 也互质。

很快就可以证明，上面是成熟又有效的思考过程。我们先记下这件事，所有的本原毕氏三元数 (x, y, z) 必定可写成：

$$x=2vw$$

$$y=v^2-w^2$$

$$z=v^2+w^2$$

两自然数 v、w 互质，而且 $v>w$。再来，可以确定 v、w 的其中之一必为偶数，这样 y、z 才会是奇数。此外，若将本原毕氏三元数乘上任意自然数 k，就可获得任意一组毕氏三元数。我们已经得知不少东西，但这只是关于毕氏三元数的一小部分思考。

　　古希腊数学家丢番图（Diophantus），早就知道这个造出所有本原毕氏三元数的方法。但关于他的生平事迹，我们却知道得很少，就连他的生卒年都不详。我们主要是靠间接的信息，推测出他大约是在公元250年生活于亚历山德拉。他的著作《算术》（*Arithmetica*）总共有13卷，直到16世纪才重见天日。这项发现造成学术界轰动。《算术》这部著作是古希腊数学的巨著之一，以希腊文写成，随即被翻译成拉丁文。丢番图已经知道的一些事情，16世纪的欧洲数学家还不知道。

费马猜想：一篇完结的伟大命运小说。

　　这位嗜好数学的法官，也是孜孜不倦的《算术》读者。他的名字叫作皮耶·德·费马（1601—1665）。虽然只是个业余数学家，但在今天我们公认他是17世纪最伟大的数学家之一。他与许多当时著名的科学家通信来往。信中常常写着不完全的证明，比较像是草稿、暗示或是故意不说清楚，不透露给对方知道他的证明，或是故意以此当作挑战。随着时间过去，在费马去世很久之后，他声称自己做出来的证明，几乎大部分都得到了验证，只有极少数是不正确的。最后，在超过300年后，只剩下唯一一个声明还没有解开。费马的这段声明，写在他拥有的《算术》书上，就在丢番图探讨毕氏三元数的段落旁边。1640年时，费马将以下的评论写在《算术》第六卷，他拥有的版本是1621年出版由梅齐里亚克（Claude Gaspard Bachet de Meziriac）所译的拉丁文版：

Cubum autem in duos cubos, aut quadratoquadratum in duos quadratoquadratos et generaliter nullam in infi nitum quadratum potestatem in duos eiusdem nominis fas est dividere. Cuius rei demonstrationem mirabilem sane detexi. Hanc marginis exiguitas non caperet.

翻译为：

将一个立方数写成两个立方数的和，一个四次方数写成两个四次方数的和，或是将高于二次的一般次方数写成两个同次的次方数之和，都是不可能的。我找到了绝妙证明，但页缘空白处太窄，写不下。

这段声明如今就称为"费马大定理"或"费马最后定理"①。费马过世后，写着他的笔记的那本《算术》出现在数学圈时，许多数学家纷纷试着证明费马的说法。也耗费了许多时间。

图 70：丢番图的《算术》，1621 年版，问题 II.8。右边有名的空白处不够宽，费马无法写下他的证明。

---

① "费马大定理"是德文文献里的说法（原文为 Großer Fermat'scher Satz），"费马最后定理"则是英文文献里的说法（Fermat's Last Theorem）。

直到上个千禧年末，才成功证明出费马的猜想对于大约到400万的所有次方数 n 都成立。也就是说，可能的解最高可以到 $n>4\times10^6$，此外证明了参与的数字大于 n^n，一个大到没办法拿笔记录下来的数字。

但是数学家想要更多，想要最终的解答。在追求真理的这种高标准之下，费马的猜想仍然没有定论。一些杰出数学家企图证明，但失败了。许多人认为，在下一个千禧年里都不可能成功证实或是反驳费马的说法。许多人的尝试都徒劳无功。欧拉（Leonhard Euler）因为努力均未获得成果，而沮丧到拜托一位朋友搜索费马故居，希望能找到写着证明的纸张。其他人则希望不应该只相信费马说的，还应该听听与费马同时代的西班牙作家格拉西安（Balthasar Gracian，1601—1654），在1653年所写的作品《智能书》中带着一抹微笑的建言："别管别人的问题。"

人生中处处是体验"失败为成功之母"的机会。放弃这个问题的数学家越多，它就成为雄心勃勃思想家心目中价值越来越高的奖杯。对手越强，胜利的果实就越甜美，莎士比亚也这么认为。19世纪末，有位很热中于数学的德国工业家佛尔夫斯克（Paul Wolfskehl），提供了一笔不小的奖金给找到证明的人。这个故事和沃夫柯尔对一位美丽女子的迷恋有关。被她拒绝时，沃夫柯尔绝望到起了自杀的念头，甚至连自杀的时间都已经定好。但在这之前几天，沃夫柯尔在琢磨费马的猜想。突然间他觉得自己找到解题的新方向，开始埋首。虽然这个尝试最后终告失败，但当沃夫柯尔意识到这一点时，原本计划要自杀的时间早已过去，他也觉得没有必要再定一个新的时间。设立奖项的目的，就是在纪念这个问题救了他一命。

费马问题就这样经历了时间的洪流。后来，到了20世纪末，又突然出现了充满希望的新发展，带头者是目前担任杜伊斯堡－埃森（Duisburg-Essen）大学数论教席的德国数学家弗雷（Gerhard Frey）。

> **上帝不可能拥有大学教席的原因：**
>
> ·只发表过一本著作。
>
> ·有些人怀疑不是他自己写的。
>
> ·世界有可能是他创造的，但在那段时间他都做了些什么事？
>
> ·科学很难重现他所做出的实验结果。
>
> ·他几乎没现身在课堂上，只叫学生读他的著作。
>
> ·他把自己的头两位学生开除学籍了，理由是他们会学习。
>
> ·他没有固定的面谈时间，有的话大部分也都在山上举行。

弗雷发现了费马猜想与某种曲线之间的关联，如今我们习惯把这种曲线称为椭圆曲线。但这种曲线并不是椭圆，而是从更为复杂的方程式得出的曲线。大略来说，弗雷的方法在于：只要假设费马的方程式有解，我们就可以从这个解造出一条特殊的椭圆曲线，也就是今天所称的弗雷曲线。但这和当时的人对于椭圆曲线所知或所认为的事情相反。特别是，它和关于椭圆曲线的谷山－志村猜想相抵触。也就是说，如果谷山－志村猜想为真，这个猜想就不可能给出弗雷曲线——那么也不会有通过它建构出来的费马方程式的解。

1986 年时，弗雷在巴黎所举办的国际数论会议上，提报他的想法。他的简报引起轰动。突然间有一位听众站起来，谈到通过椭圆曲线可能是证明费马猜想的正确方法。这位听众的名字是安德鲁·怀尔斯（Andrew Wiles）。怀尔斯当时被认为是椭圆曲线领域的专家，博士论文也是研究这个题目。弗雷的报告让他很兴奋，不久后就开始朝着弗雷想反证的谷山－志村猜想，并利用最新发展出来的技巧，来解费马问题。他在这个问题上花了 7 年的时间，却没告诉任何人他在忙什么。数学界里也有孤独的主角，像拥有伟大成就的顶尖运动员，用无人能及的毅力，致力研究特别艰涩的问题。

怀尔斯：肩负任务的人。

他虽然没能证明一般情形下的谷山－志村猜想，却证明了一个很重要的特殊情况，这个特例可推得和弗雷曲线相同的结果：这样的曲线不可能存在，这表示费马的方程式无解。

后来怀尔斯在 BBC 的专访中说道："前面七年我专注于谷山－志村猜想，最后证明了费马的猜想，我珍爱这个过程的每一分钟。不管有些时刻多么艰辛，无论是出现打击，或是一开始看起来无法克服的障碍——这是一场关乎于我，非常私人的战役。"

你这个迷人的东西！

数学史上充满英雄，展现出热情和坚定决心的纯正精神，这股精神让数学成为世界上最迷人的一门学问。

辛格（Simon Singh），《英国电讯报》，2006 年 8 月 17 日

怀尔斯投注了 7 年的时光，全心全力地研究这个千禧年接近尾声时最大的未破解难题。找出证明仿佛成了边缘型人格的体验。怀尔斯还曾将他的工作方式比作一步一步探索房子："你踏进这栋房子的第一间房间，一片漆黑。在黑暗中摸索，撞到家具，过了一会儿就知道什么东西在哪里。最后，过了六个月左右，你终于找到电灯开关。你把灯打开，看到照亮的房间。看得很清楚到底身在何处，四周是什么样子。然后你再到另一个房间，再度经历 6 个月的黑暗。"

他用这种方式工作到 1993 年的夏天。同年 6 月 23 日，怀尔斯在剑桥大学牛顿数学研究所的演说中，出乎意料地宣布费马问题的解。演讲的内容一开始极度保密，但在幕后却开始有传言出现，就连媒体也得到消息，不过幸好当时没有记者到场。许多观众拍照，研究所所长想得很周到，带了一瓶香槟。演讲时，现场弥漫着一股敬畏的沉

默。结束前，写完整个证明的最后一个步骤之后，怀尔斯把费马猜想的陈述写在黑板上。他证明出来了。紧接着又写下："I think, I stop here.（我想我就写到这吧。）"一片沉默后，便掌声如雷。

这个消息通过电子邮件与因特网，以迅雷不及掩耳的速度传播开来。电视台派出转播车到牛顿研究所。《纽约时报》隔天以头版报道："At Last Shout of 'Eureka' in Age-Old Math Mystery！"（古老数学谜团终于可喊"我找到了！"）而法国《世界报》也在同样显著的版面写下："Le theorème de Fermat enfin résolu."（费马定理终获解决。）一夜之间，怀尔斯成为全世界最有名的科学家。《时人杂志》将他与黛安娜王妃并列为年度 25 位最具魅力人物。甚至有一位国际知名的设计师，请他代言产品。但是，等着他的还有数学界同侪的仔细检视。

没有奥德赛的话，尤利西斯一定会快乐些，但没有奥德赛的话，他的传记就不会那么有趣，就像是没有石头的薛西弗斯。但是遭遇到的困难淬炼我们，克服越大的困难，我们就越能掌握。1993 年底，怀尔斯的生涯里就出现了这种情况，而上面这句话也适用于他的身上。怀尔斯的证明里出现了一个漏洞。

在数学圈的仔细审查之下，真的在怀尔斯的论证里发现了一个错误，这个漏洞如果不修补，他的证明就不算成功。真的不是个小剧目。这个错误出现在怀尔斯使用的考利瓦根－弗拉赫（Kolyvagin-Flach）方法的重要部分里。这个错误十分细微，隐藏得非常好，而且没办法反驳。尤其是它十分抽象，实在没有办法使用简单的句子来描述。即使想把它描述给一个数学家听，那他也必须先花上好几个月的时间，把怀尔斯的证明详细研究一番。

如果证明里出现漏洞，而且不填补的话，就不能算是证明。1994 年在苏黎世举办的国际数学家大会上，怀尔斯不得不承认他的证明里出现漏洞。投资 7 年光阴的研究，得出的证明竟然无效。一项沉重的打击，好比陷入了智慧的泥沼。这个问题还是维持在过去的阶段：未破解。一个在四周筑起围墙，不让人靠近的问题。直到1994年初都尚未出现成功的经验。在这个不想结束的历史中必须开始一篇新章节。

证明里出现错误的消息也散布得十分迅速。怀尔斯受到的压力越来越大，因为大家要求他将其错误开诚布公，好让其他数学家有机会解决。他拒绝这项要求。他想要自己完成。怀尔斯继续他的一人有限公司，试着填补漏洞。他徒然无功地花了6个月的时间，改进考利瓦根－弗拉赫方法。但却一点进展也没有。他需要新鲜的点子，所以邀请了过去的学生理查德·泰勒（Richard Taylor）一起研究。泰勒发誓保密。泰勒那时已是普林斯顿大学教授，著名的考利瓦根－弗拉赫方法专家。

两人一起开始挽救如同站在悬崖边的证明。泰勒和怀尔斯很快就明白，他们需要比急救方法还完善，但又不像是从头开始的设计。但是解答十分害羞，怎么样都不愿意见人一面。虽然十分缓慢，但怀尔斯和泰勒看得更透彻。他们的研究工作受到媒体强烈关注。1994年夏天，怀尔斯和泰勒与证明中的漏洞的抗战，没有任何掷地有声的进展。怀尔斯在历时八年之后想要放弃，告诉泰勒他的决定。也许费马的猜想不是花一辈子的时间就能解决的。泰勒已经计划不久之后要回普林斯顿，但他向怀尔斯提议再继续试一个月。再一个月就好。怀尔斯犹豫地答应了。结果又再一个月。他们继续努力，寻找消失的证明。当啷！突然，就在1994年9月，他们到达了高峰，找到解答。

怀尔斯后来如此描写这个关键时刻："9月19日星期一，我坐在办公桌前研究着考利瓦根－弗拉赫方法。事情并不像我想象中一样顺利，我觉得这个方法没办法完成我的目标，但我想我至少得找出来为什么没有办法。我以为我的努力就像紧抓一根浮木，但我想说服自己。突然间，完全在意料之外，我得到了一个令人难以置信的启示。我发现虽然考利瓦根－弗拉赫方法不完全行得通，但它正好提供了足够的东西让我能够挽救我最初的理论……这个方法漂亮得无法形容，是那么的简单又巧妙。我无法相信为什么之前会没有想这个方法，我难以置信地看它 20 分钟。这一天我在系里走来走去，但频频回到办公桌，检查我的方法是不是仍然行得通。它真的行得通。我克制不了心中的激动。这是我生涯中最重要的一刻。没有任何我做过的事情有这么大的意义。"

我们完成证明了！漏洞填补起来了。这是怀尔斯生命中的转折点。沉浸在证明狂喜里的数学家。一种不同于一般方式让人开心的巅峰体验。

现在的这个证明禁得起任何考验，而在 1997 年 6 月 27 日，德国哥廷根科学院把佛尔夫斯克奖金颁发给怀尔斯，这笔奖金的原始金额是 10 万金马克，今天看来还是相当大笔（换算成今天的币值大约为 100 万欧元），但因为通货膨胀的关系，最后剩下 8 万马克。而他也名列得奖最多的数学家之一。

就这样，费马猜想证实是正确的。一件新的事实产生了：费马大定理，或是更确切一点：费马 - 怀尔斯定理。值得进入瓦尔哈拉神殿①或是其他名人堂。只要数学还有人研究，大家就不会忘记安德鲁·怀尔斯这个名字。

写给自己：费马与我

1993 年 6 月 23 日，作者在斯图加特大学举办了一场以大众为对象的科学演说，题目为：数学是什么？数学的目的是什么？演说时我说了两句话："整个数学领域目前最大的未破解问题是费马猜想。要是有人能证明出来的话就好了。"才几个小时后，网络上就开始流传怀尔斯证明出费马猜想的消息。

---

① 瓦尔哈拉神殿（Walhalla）是一座名人堂，主要纪念"值得赞扬和尊敬的德国人"，包括"历史上说德语的著名人物——政治家、君主、科学家和艺术家"。

> 为什么不再试一次？也就是："如果整个数学领域目前最大的未破解问题是黎曼猜想。要是有人能证明出来的话就好了。"天灵灵地灵灵。计时开始！

追求极限的定理

我们看到了，费马大定理是多么不可思议、激荡脑力，而且有时候会找到一组数字，差那么一点就可以成为方程式的解了。我们现在跳进木偶师的角色里，让几个木偶跳舞。例如：

$$280^{10}+305^{10}=0.999\,999\,997 \cdot 316^{10}$$

或是下面这个更接近的：

$$386692^7+411413^7=0.9\,999\,999\,999\,999\,999\,989 \cdot 441\,849^7$$

就差那么一点的例子还有：

$$9^3+10^3=12^3+1$$

从这里你可以看见方程式 $x^3+y^3=z^3+1$ 有解，甚至不难。

> 美国电视卡通影集《辛普森家庭》中有一集，说到在"荷马3D"世界里，当其中一维空间坍缩时，出现了一个等式 $1782^{12}+1841^{12}=1922^{12}$。笑点在于，用所有的电子计算器来算，把左式算出来后再开 12 次方的结果均为 1 922，但这是因为四舍五入的关

系。实际上，左式和右式分别等于：

2 541 210 258 614 589 176 288 669 958 142 428 526 657

以及：

2 541 210 259 314 801 410 819 278 649 643 651 567 616

左式除了比右式小了几十亿分之一，两个数字的大小"仅仅"相差了 700×10^{27}。这对电子计算器而言，实在是太少了。

费马猜想是否证明出来了，今日在数学家之间仍争议不休。大家知道的是，费马对于 $n=4$ 的情况，找到了一个完美的证明。如同错综的编舞，前后左右，动静自如，费尽心思想出的动作。我们接下来就要踏上费马的途径，把全部的专注力奉献在费马大定理的这个特例中。借着这个特例，我们也踏进了数学中需要使用高度推理的领域。

我们先假设有三个自然数 x、y 和 z，它们之间存在以下关系：

$$x^4+y^4=z^4 \qquad (28)$$

且它们的最大公因子等于1，也就是 x、y、z 互质。事实上，我们甚至可以假设，三个数之中的任意两数都没有大于1的公因子，因为如果真的有这样的因子，那么这个因子必定也是第三个数的因子。于是我们便有了本原毕氏三元数 x^2、y^2、z^2，因为 $(x^2)^2+(y^2)^2=(z^2)^2$。

根据前面对毕氏三元数的讨论，我们可以写出：

$$x^2=2vw,\ y^2=v^2-w^2,\ z^2=v^2+w^2$$

其中的 v 与 w 互质，两数一奇一偶，而且 $0<w<v$。我们面临一个可以用同样方法处理的情况：$w^2+y^2=v^2$。因为 v 与 w 互质，故 y、v、w 也为一组本原毕氏三元数。因为 v 为奇数，故 w 为偶数。就像之前的做法，我们可以再将这三个数写成：

$$w=2ab,\ y=a^2-b^2,\ v=a^2+b^2$$

其中 a 与 b 互质，两数一奇一偶，而且 $0<b<a$。

于是：

$$x^2=2vw=4ab\,(a^2+b^2)$$

由此可知，$ab\,(a^2+b^2)$ 为完全平方数，也就是 $(x/2)^2$。能整除 ab 的每一个因子，必定能整除 a 或 b，但不可能同时整除 a 和 b，因为这两个数互质。所以 ab 的因子无法整除 a^2+b^2。

因此，ab 和 a^2+b^2 互质，所以两个数本身就是完全平方数。又因为 a 与 b 互质，所以 a 与 b 本身也是平方数，这样它们的乘积 ab 才会是完全平方数。因此我们可以假设 $a=X^2$ 和 $b=Y^2$，那么 $X^4+Y^4=a^2+b^2$ 也是个平方数。

现在来到理论变成魔法的时刻。稍后的分析会告诉我们，这里遇到的是很重要的概念。我们先暂停一下，想一想从最初的假设 $x^4+y^4=z^4$，我们只运用到 z^4 为平方数的条件，但还没有运用到 z^4 是四次方数。这是个微妙的差异。现在，我们可以开始运用无穷递减法这个证明方法了。如果 x 和 y 为自然数，且 x^4+y^4 为平方数，那么便可以按照以上的想法，造出一对新的自然数 X 和 Y，使 X^4+Y^4 也是平方数。一个幸运的循环开始。结局很幸运，因为：

$$X^4+Y^4=a^2+b^2=v<v^2+w^2=z^2<z^4=x^4+y^4$$

应该可以替这个不等式加上两到三个惊叹号。不然还要用什么符号来和它摆在一起？由这个不等式，我们可以从 $x^4+y^4=z^4$ 的解，造出一连串满足费马方程式的自然数解，而且第三个元素越来越小（因为 $X^4+Y^4<x^4+y^4$）。但是考虑到最小自然数存在的确凿事实，第三个元素也不可能无止境地变小。由这个矛盾，我们就知道两个四次方数的和不可能为平方数，更别说是一个四次方数了。这种思考工具，就是无穷递减法。无穷递减法令人惊艳的地方也在于，它们突然就能澄清事情。总结来说：方程式（28）不可能有整数解 x、y、z，因为这个假设会得到矛盾。以上就是针对费马大定理的这个特例，所做出的美丽又精妙的论证。然而，后续的证明让这份喜悦的苦痛停止了。仔细研究后，发现这个方法并不能推到指数 $n \neq 4$ 的其他情形。很不幸地，怀尔斯针对一般情形的证明并没这么短，而是有大约200页密密麻麻、非常复杂的论证：一条证明巨龙！一个令人敬畏到想跟他保持距离的证明，或是帮它建个纪念碑。为何不帮它写首纪念诗呢？

人类，数学，诗——纪念费马大定理的打油诗

A challenge for many long ages	悬置多年一难题，
Had baffled the savants and sages.	智叟学者策不及。
Yet at last came the light：	曙光破晓终现世，
Seems old Fermat was right –	老费当日不我欺：
To the margin add 200 pages.	此处需要二百页！

保罗·切尔诺夫（Paul Chernoff）

我们现在就来看看如何做小小的改变，让复杂的事情变简单。我们来写一个"非常小"的准费马定理。以下的方程式：

$$n^x + n^y = n^z \qquad (29)$$

在 $n \geq 3$ 的情形下，x、y、z 没有正整数解。

幸好，这项快乐的练习不需要我们写上 200 页的证明。一张小计算纸便足够。

我们以必需的考虑开始，根据假设，x 和 y 都是正数，且 $n \geq 3$，所以必得到 $z > x$ 和 $z > y$。我们可以将等式同除以 n^z，这样就可得到下面这个全新又和蔼可亲的关系式：

$$n^{x-z} + n^{y-z} = 1 \qquad (30)$$

现在我们要证明，在所有 $n \geq 3$ 的情况下，（30）的左式永远小于 1，让这个方程式不可能有解。根据一开始的条件，$x-z$ 和 $y-z$ 均不会大于 -1，而且 $x-z$ 和 $y-z$ 越大的话，$n^{x-z} + n^{y-z}$ 也越大，所以在 $x-z = y-z = -1$ 时，两者之和会是最大值。也就是说，我们得到 $n^{x-z} + n^{y-z} \leq n^{-1} + n^{-1}$。如果 $n=3$，不等式的右边为最大值。所以我们可以发现，$n^{x-z} + n^{y-z}$ 不可能大于 $1/3 + 1/3 = 2/3$，意思就是，所有被允许的 n、x、y、z 值永远小于 1。这样就证明了，方程式（29）不可能有正整数解。

最后还要注意，在 $n=2$ 的情况下，方程式 $n^x + n^y = n^z$ 当然有正整数解，因为 $2^x + 2^x = 2^{x+1}$。

我们现在要把费马的专利，也就是无穷递减法，做另一项应用。这个例子也用到了奇偶原理。

球队组成

一共有 23 名业余足球员想踢球，每队各 11 名球员加上一位裁判。为了公平起见，队伍分配完后，两支球队的总体重应该相同。每位队员的体重皆为整数。不论哪名球员被选为裁判，两支队伍的总体重都为相同。请你证明：只有在所有 23 位球员的体重均相同的情况下，上述情况才有可能发生。

我们先将每位球员的体重记为 g_1，g_2，$\cdots$，g_{23}。如果其中的 22 个数字分成两组后，每组总和相同的话，我们就称这组 23 个数字是平衡的。满足条件的球员体重也就可以被称为平衡。如果一组数字平衡的话，我可以将每个元素加或减任意的数 a，也可以乘除任意的数 b，而得到结果仍为一组平衡的数字。这是第一个，也是最简单的结论。

我们的求解之路才刚开始，就出现了具体的事实。再进一步假设：数列 g_1，g_2，$\cdots$，g_{23} 是平衡的，且 $S=g_1+g_2+\cdots+g_{23}$ 为所有体重的总和。假使 g_1 是裁判的体重，那么 $S-g_1$ 必定为偶数，因为剩下来的总重量要能平分成两个相等的整数。根据相同的论证，我们就可以说 $S-g_2$，$S-g_3$，$\cdots$，$S-g_{23}$ 也都会是偶数。因此我们现在可以声称，在一组平衡的自然数中，所有的数必定全是奇数或是偶数，它们有相同的奇偶性。这是另一个重要的发现。

现在，如果 g_k 是最小（或是最小之一）的重量，那么我们将重量总和减去 g_k，便可得到一组平衡的数字（上述结论），而数列中至少有一个数字为 0。因为 0 是偶数，所以新数列中所有的数字必定为偶数。那我们便可以将这些数字除以 2，再获得一组新的平衡数列（上述结论）。我们可以任意重复最后这个步骤，而由于得到的数列中至少有一个数字为 0，因此所有的数字都为偶数。

假设这些数字在减去 g_k 后，并非全部都等于 0，那么上述任意能被 2 整除的事实便会得到矛盾，因为每个自然数都不能无止境地被 2 整除。所以，在减去 g_k 之后，所有数字必定等于 0，这表示 g_k 和其他数字均等于 0。

把无穷递减法则加上奇偶原理后，就产生了令人佩服的应用。

14

对称原理

在给定系统里有没有某些对称性质，可以让我们从中取得信息？

对称性外表看来不相干的
物体、现象及理论之间
创造了既美好又令人莞尔的关系：
就像地磁、偏振光、
天择、群论、
宇宙结构、花瓶形状、
量子物理、花瓣、
海胆的细胞分裂、雪花、音乐和
相对论……

——研究对称性的德国数学家韦尔（Hermann Weyl, 1885—1955）

如果敌人在射程之内，那么你也是。

——美国步兵期刊

对称这个概念，源自古希腊文 symmetria，而这个字又是由以下两个词组合而成：

sym：相同的，同类的
metron：测量值，度量

意思就是对称性。

在公元前 500 年，古希腊雕塑家波利克里特斯（Polykleitos）第一次使用对称当作他新颖的美学概念，组成一件雕刻作品的各个部分，不但彼此呈现出和谐、一致、平衡，也与整件作品形成这样的对称感。

今日可以将对称运用在狭义和广义上面。狭义的对称，指的是展现在人体或几乎所有动物身上，我们熟悉的镜射对称（线对称）：身体左半部看起来几乎就像右半部身体在镜中的样子。特别令人印象深刻的还有蝴蝶翅膀的双边对应，在动物界里其他部分几乎都是这个样子：大自然里几乎找不到不对称的物种。

广义而言，如果一个对象（一个物体、生物、化学式、数学方程式、物理定律）经过某些程序（镜射、旋转、交换或变换）之后仍保持不变，便称为对称。

在可观测宇宙中，到处都能发现广义的对称。没错，对称是已知宇宙的基本原理，对称无所不在，许多思想家都将它看成设计原理，就连自然律本身也是从中产生出来的。我们就趁现在好好介绍一下不同情况下的对称例子。

大自然显然偏好对称。除了生物身上，晶体和化合物里的对称性也十分引人注目。相对于不对称性，对称性显然有选择优势，不然它不可能在竞争选择上那么常胜利。

许多人觉得对称是美的，因此这个特质常常出现在艺术作品和建筑里，主要是呈现在形式、位置、排列和结构上。最著名的就是荷兰画家埃舍尔（M. C. Escher）的"对称"系列作品，不管从上下左右哪个方向看都一样。

图 71　埃舍尔的画作

建筑上应用对称原理的特别例子，是印度泰姬陵，图72拍出了水中的倒影，甚至有两条对称轴，一条是垂直的，一条是水平的。

图 72　泰姬陵

我们在一些语言结构里也会遇到对称，例如在回文里，既能顺着读，也能逆着读。例如：

> 雾锁山头山锁雾，天连水尾水连天。
> 绝塞关心关塞绝，怜人可有可人怜。
> 月为无痕无为月，年似多愁多似年。
> 雪送花枝花送雪，天连水色水连天。
> 别离还怕还离别，悬念归期归念悬。

或是耳熟能详的：

> 上海自来水来自海上，山东落花生花落东山。

就连在遗传物质DNA的语言里，由四个核苷酸：腺嘌呤（A）、胞嘧啶（C）、鸟粪嘌呤（G）和胸腺嘧啶（T），所组成的DNA序列中（DNA序列又再组成遗传密码），回文序列也扮演了重要的角色，例如：

ATTGCICGTTA

分子生物学家发现，某些酶会以回文序列的对称中心当作识别点。

语言艺术作品中，例如诗歌，对称不时地被当作修辞手法使用，例如像在重音和轻音的音节顺序或是词的排列：

悠云白雁过南楼
雁过南楼半色秋
秋色半楼南过雁
楼南过雁白云悠

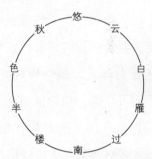

就连在音乐里，对称原理也扮演了重要的角色。"蟹行"这个术语的意思是指倒着奏出一串音符。一种对垂直线的镜射。音乐上的蟹行在巴洛克时期特别受欢迎。巴赫（J. S. Bach）的作品《赋格的艺术》，也是刻画出对称概念的好例子，这部作品中运用了另外一种对称形式：音符仿佛是对水平线的镜射，第二个声部就像第一个声部的镜像。

许多日常生活现象中，也采用对称的系统。特别完善的应用是在大众运输系统里，所谓的整体区间时刻表。特别注意枢纽点拥有有利的转车连接。不同路线的相交时间被称为对称时间。为了提供所有行驶方向有利的连接，所有交会路线的对称时间必须相互配合。通常是以这种方式安排：对于一个行驶方向的每班车次，都安排一班往相反方向的对应车次，例如有一列车在17分会停靠于某一站，对向列车便会在43分时从同一站开车。这个以整点为准的对称系统，称为零对称。对于整体区间时刻表里的所有路线而言，都有此类的相互关系。

在以数学方式呈现的自然律中，可以找到另一种抽象概念的对称。这牵涉到清楚表达物理量之间的关系的方程式。这些方程式是在描述物理系统的状态及变化。通过少数的游戏规则就能描述浩瀚的可观测宇宙，单单这点，就是一种与众不同的智慧魅力。麦克斯韦方程和爱因斯坦相对论里的关系式，便属于其中。

关于自然律对称性的问题，可以用以下这些问法：我可以对这个世界做哪些种类的改变，但又不会改变那些描述我们观察到的所有现象的定律？自然律在哪些变换下仍会保持不变？第一个，也是最简单的改变，就是位置的转移。在柏林成立的自然律，无论是搬到撒哈拉沙漠还是月球上，都一样成立。另外，宇宙中并没有得天独厚的方向。我们可以说：自然律对于所选定的任何坐标系都是对称的。就连相对论也是个伟大的对称化概念，它建立了时空连续体的完整对称性，不管观察者是否正在做加速运动。

爱因斯坦是通过重力的新观点获得这个概念的，重力就是两个质量之间的引力。为了了解此概念的核心，你可以想象电梯里有个人站在体重计上。电梯往上时，身体对体重计的施力变大，量出的体重就比较重。重力变大时，也会有相同的效应。电梯向下时，身体对体重计的施力减轻，体重计上的数字便变小。重力若变小，也会产生同样的效应。如果电梯处于自由落体的状态，那么体重计就记录不到任何重量。

爱因斯坦是在 1907 年，想出了重力强度与运动状态之间的对称关系。在之后的演讲中，他描述着顿悟的那一刻："我坐在伯尔尼专利局里，脑海中突然出现这个想法：如果一个人处在自由落体的状态下，那么他便感受不到自己的重量。我好惊讶。这个简单的想法让我印象深刻。它把我推向一个新的重力理论。依照这个理论，重力所产生的力和加速度所产生的力，是同一件事情。"一个影响极为深远的对称原理，就从这个想法产生了。

数学上有许多种对称。例如几何的对称概念。如果有个运作能使两个几何结构互相映像，它们就是彼此对称的。之前提过的镜射对称，便是一个例子，另外还有点对称、旋转对称和平移对称。

对称概念里另一个重要的观点在于对称关系。关系可被理解于两项事情之间的关系，例如"大于"关系，或是两人之间"以名相称"的关系。如果 a 和 b 之间存在着一种关系，可以用符号表示为 aRb，但却不一定事先就能认为 b 与 a 之间也存在着同种关系，也就是 bRa 不一定存在。在"大于"关系中，这当然不可能发生；如果 a 大于 b，那么 b 一定不可能大于 a。

aRb 和 bRa 同时成立的关系，就可以称为对称关系。"以名相称"是否也属于此类关系，必须看情况。在同事之间必定如此，但在学校里面一般来说却不是。老师以名字称呼年轻的学生时，学生原则上都是以姓氏称呼老师。

对称性出现的地方都十分重要，因为对称性将可能出现的各种现象，化简到在某些作用之下保持不变的现象。取决于背景，可以包含强烈降低复杂度的作用。认出、决定和利用问题脉络中既定的对称性，是个重要的解题技巧。我们现在要介绍两个问题，只要使用基于对称性的技巧便可轻松解决。

圆桌上的硬币游戏

两个玩家坐在圆桌旁，并且有无限供应的硬币。玩家轮流将一枚硬币放在桌上。硬币必须平摆在桌面上。放下最后一枚硬币时，硬币还能完全摆在桌上的玩家，就是赢家。若两个玩家都处于最佳状态，谁会是赢家？胜利的策略为何？

解：对称原理的独奏。能够维持对称状态的人，就是赢家。放第一个硬币的玩家必须将硬币放在桌子正中央，才能建立对称性。他接下来的步骤则是：下一个硬币都要摆在对手所放的硬币的点对称之处，以便维持对称状态。用这个方式，第一个玩家强迫对手破坏摆好硬币的对称性，并在下一局重新建立对称状态，直到第二个玩家找不到任何地方摆硬币为止。然后游戏结束，第一个玩家获胜。他的必胜策略主要建立在桌子的对称形状上。

下一个例子也是练习维持对称的模范。

量体重和被量体重

在医院里测量小婴儿的体重一点也不简单。体重计的指针和小婴儿身体都会乱动。因此，安娜抱着婴儿，站在体重计上，护士克拉儿写下两个人共同的体重76千克。接下来，换护士抱着婴儿站在体重计上，安娜写下两人共同的体重83千克。最后安娜和护士一同站在体重计上，医生抱着婴儿，并写下两人共同的体重151千克。安娜、婴儿和克拉儿分别多重呢？

从体重计的读数，我们得出三个方程式，三个未知数分别是安娜 a、宝宝 b 和克拉儿 c 的体重：

$$a+b=76$$
$$b+c=83 \qquad (31)$$
$$a+c=151$$

如果已知三个人的总重量 g 的话，便能轻松得知三人个别的体重。这将会是个简单的减法问题，例如：

$$b=g-(a+c)=g-151$$

可以看出，在现有的三个方程式中，三个未知数的其中两个是对称的（例如我可以将第一式中的 a 和 b 对调，结果仍然一样），但全部三个未知数之间就不是对称的了（如果我把第一式，即 $1 \cdot a + 1 \cdot b + 0 \cdot c = 76$ 当中的三个未知数互换，就会是错的）。

但是，如果利用三个未知数在等式左边均出现两次的事实，将三个方程式相加，便可以做到对称。这样一来，所有三个方程式的总和在三个未知数中就是对称的：

$$（a+b）+（b+c）+（a+c）=76+83+151$$

也就是等于：

$$2a+2b+2c=310$$

首先可得到 $g=a+b+c=310/2=155$，接着由（31），便可求得个别的体重：

$$a=g-（b+c）=155-83=72$$
$$b=g-（a+c）=155-151=4$$
$$c=g-（a+b）=155-76=79$$

在这里，解题最关键的一步也是引进对称关系，具体来说就是造出一个对所有未知数均对称的方程式。

极值原理

我能不能从给定问题的极端情形，研究出所有情形的相关信息？

没有东西来到世界不带着耀眼的最大或最小性质。

——莱昂哈德·欧拉（Leonhard Euler）

我是我曾经拥有过最好的人。

——伍迪·艾伦（Woody Allen）

赛车的艺术就在于越慢冲刺到最快越好。

——埃默森·菲蒂帕迪（Emerson Fitipaldi），一级方程式赛车冠军车手

　　上面引述自欧拉的这句引言，道出了宇宙中唯有遵循极值原理的事件，才会变成事实。这个想法大约有两千年之久，最早可追溯到古希腊数学家希罗（Heron von Alexandria）。滚动的球会选择最陡的斜坡，从 A 点出发传播到 B 点的光线，会选择所需时间最短的路径。这个原理称为费马极值原理，解释了光线在透镜及其他光学介质之间为什么不一定是直线传播，而是表现出省时的行为，选择另一条比走直线来得省时的路径。虽然光波在均匀介质中的路径是直线，但在遇到不同的介质时，就会是一条有角度和弯折的路径，而且若介质本身的光学性质持续改变，光线的路径也有可能成为弧线。

　　河流也是选择阻力最小的路径，而肥皂液薄膜因为有表面张力的关系，会让肥皂膜的表面积达到最小。20 世纪 70 年代初期，自然界的极值原理也使用在以当时的标准看来充满未来感的建筑设计上：为

1972 年慕尼黑奥运兴建的体育场，屋顶的设计就是靠着肥皂泡泡实验来找出最佳的结构。

其他的优化问题，也可以使用肥皂水解决，例如"斯纳坦问题"（Steiner-Problem）：为了简短地陈述这个问题，我们来看一个正方形的四个顶点。这四个顶点的相连方式是，从每一点都能到达其他三点，而且联机的长度总和必须为最小值。从应用及一般化的目的来看，我们可以将四个顶点想成四个利用高速公路来往的城市，所需建造的高速公路的里程数越少越好。

即使我们把问题简化成正方形的四个顶点 A、B、C、D，这个问题也不好解决。可以想到的第一步，是将相邻的点连起来，这样便得到一个正方形 $ABCD$。所有路径的总长 L，等于正方形边长的 4 倍，也就是 L=4 个单位长。

这是天真的第一个解题尝试。仔细来看，如果去掉正方形的任何一边，四个点之间还是有办法连通。在这个情况下，L=3。另外，还有一个达成要求的替代方案，是正方形 $ABCD$ 的两条对角线相交。这个情况下，链接路径总长等于对角线长的 2 倍，由勾股定理，可知对角线长是 $\sqrt{2}$，于是 $L=2\sqrt{2}$=2.82。

但这还不是最佳的解。如果我们用两块玻璃板、四根棍子和一桶肥皂水，就可以靠实验的方法解决这个问题。器材备妥后，我们就要以非理论的方式处理史纳坦问题。四个棍子代表四个顶点 A、B、C、D，两块玻璃板像三明治一般夹着站立的棒子。将这个结构物完全浸在肥皂水里一小段时间。一般情况下，在棒子之间会形成一层肥皂薄膜。肥皂膜会努力让表面积达到最小。因此，肥皂膜的形状会是史纳坦问题的解的三维模拟。所有相邻面之间的夹角正好为 120 度，在这个情况下，$L=\sqrt{3}$=2.73。

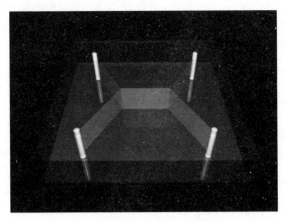

图 73 形成肥皂泡薄膜

生物界也是处处碰得到极值原理。大自然喜欢最节省材料的行为方式。截面呈六边形的蜂窝，也是大自然建筑法优化的最好例子。

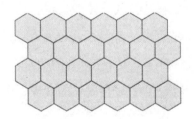

图 74 蜂窝六边形格子的示意图

图 75 活生生的蜂房

如果说到要使用最少的蜂蜡，将许许多多相同大小的蜜蜂幼虫放在蜂房里，没有比蜜蜂更高明的了。最佳的策略就是，把截面为正六边形的蜂房排列在一起。就连古希腊时代的数学家帕普斯（Pappos von Alexandria）便有如此推测，但一直要到 1999 年，才由美国数学家黑尔斯（Thomas Hales）做出确凿的证明。蜜蜂筑巢的时候使用到最少的蜂蜡，因此从数学角度而言可说是达到真正的优化。

除此之外，植物排列叶子的方式也是为了能最有效率地使用光（以阳光的形式）和水（以雨水的形式）。另外，达尔文的演化论也是基于最适者生存的极值原理。

物理学家知道，在宇宙的基本程序中，有一种物理量也符合极值原理，称为"作用量"。这可回溯到法国数学家、物理学家莫佩尔蒂（Maupertuis，1698—1759）的最小作用量原理，他是从哲学的思考推论出这个原理的。他假设自然界遵循一种节约原理，因此必定有一种量，在自然现象中会趋向最小值那些和可能过程相比必定发生过程之中。古希腊数学家芝诺多罗斯（Zenodorus，约前 200—前 140）就曾猜测，我们在大自然中观察到的状态变化，需消耗的资源是最少的。

就连经济学里，也有许多理论是以极值原理作为人类经济行为的基础。其中一个是最小值原理。这个原理是在假设，对于默认的目标（产出），经济行为者会将达成目标所需的资源（投入）减到最少。相反地，最大值原理先默认能使用的资源量，让使用此资源所达的利润最大化。

美妙广告世界中的极端。

美国企管顾问麦特·海格（Matt Haig）写过一本有趣的书，内容是关于 100 个大品牌的失败案例。伊卡璐（Clairol）这家公司曾经尝试将名叫"Mist Stick"的卷发棒推入德国市场，结果失败（英文的 mist 在德文中有"堆肥"的意思）。在 20 世纪 80 年代，百事可乐集团也尝试拓展中国市场。中文里充满精妙且细微的语意差别，这导致百事可乐的广告词"Come alive with the Pepsi

---

Generation"被错误翻译为"百事可乐把你的祖先都从坟墓里挖起来"。福特汽车公司的车款 Pinto 在全世界的销售十分成功，唯独在巴西市场经历了严重的失败。因为在打进市场时，这项车款的名字并未做任何更动；在巴西的官方语言里，Pinto 的意思是"小鸡鸡"。福特最后发现了销售困难之处，将名字改成 Corcel，意思是"种马"。

数学里也有许多既微妙又符合简单极值原理的对象：在固定周长的平面形状中，以圆形的面积最大，而在同体积的三维结构中，以球体的表面积最小。因为表面张力的缘故，大自然里的泡泡和雨滴会呈现球状。

不仅如此，在思考和问题解决的过程中，具有极端性质的对象也扮演了重要角色。因为在许多问题情况里出现许多可能的结构和对象，以启发式的角度而言，首先只考虑一些少数情形，是十分有用的。极端的性质，像是最长、最大、最小、最快，或是其他任何位于边缘的特殊情形，因为它们和约束条件之间的关系若不是特别清楚，就是特别容易运用。

就这层意义上，各学门都可以把极值原理当作解题启发思考法来使用，可说是优秀解题者囊中的重要道具。

极值原理特别适合用来证明某种具备特定性质对象的存在。我们通常可以指派数量给对象，这样就能依照顺序排列。有时候，对象对应数值的方式可以是将任一极端性质（例如最小的数字、最大的面积、最慢的速度），对应到具有所求性质的对象。又或者，我们可以稍微改变一下极端性质，由此得出有用的结果，例如当指派的数量在改变之下又得到更极端的数值时。

我们现在就来看两个特别出色的题目，作为范例。房子和井水问题是个富有教育意义的例子。问题如下：某区域有 n 栋房子和 n 口井，每栋房子都要通过一条直线水管与井链接。有可能做出不让两个水管互相交错的设计吗？

让每间房子连到一口井的方法一共有 n！种。从 n！种情况中，我们要选出所有水管的长度总和最短的连法。极值原理已经出任务了！在总长度最短的情况下，所有的水管都不会相交。为什么不会呢？理由是根据反证法。所以，我们运用了另一个思考工具。我们假设以下的极端情况，从 A 井连接到房子 C 的水管，与从 B 井连接到房子 D 的水管，相交于 X 点：

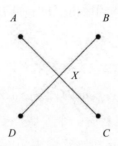

那么，AC 水管可换成 AD 水管，BD 水管可换成 BC 水管。由于两点之间的直线距离是最短的，因此 AX 和 XD 的总长一定大于 AD，BX 和 XC 相加也比 BC 来得长。我们创造了一个新的水管配置法，而且所有水管的总长度更短。这与最初假设的最小值产生矛盾。

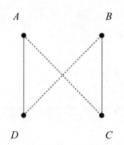

图 76　两条总长度更短的水管。

通过除去相交点的方式，我们可以将特定配置方式改成水管总长较短的方式。而在总长度最短的配置中，所有的水管都不会相交。

第二个运用极值原理的例子，是首都问题。

在某个国家，总统下令只能有单行道，不但如此，两个城市之间只能通过一条直达道路互通。现在，总统希望从 n 个城市选出一个升格成首都。他的顾问建议，应该要选那个可从其他所有城市直达的城市，或是最多只需经过一个城市就可到达的城市。总统问他，到底有没有这样的城市存在。

首先必须先做一些小的事前准备工作。针对每个城市，我们先找出可以直达的道路总数。令 m 是所有总数的最大值（极值原理！），而 M 是具有 m 条直达道路的城市。再假设 D 为能够直达 M 城的所有城市的集合。最后，令 R 是不包含在 D 内，且非 M 城的所有城市的集合。我们现在可以开始组合了。如果 R 集合中没有任何城市，那么 M 城就具备所求的性质，可以成为首都。很好。如果 R 集合中有一个 X 城，那么在 D 集合中就会有一个 E 城，使得 $X \rightarrow E$ 及 $E \rightarrow M$ 这两条直达道路存在。正确吗？没错！因为如果没有 E 城的存在，那么 X 城就可从 D 集合中的所有城市及 M 城直达，也就表示有 $m+1$（大于最大值 m）条道路可直达 X 城，这与我们对 M 城的假设产生矛盾。由 M 城的极端情形，可知这是不可能的事。因此从 X 城到达 M 城，必定只能经过一个其他城市。

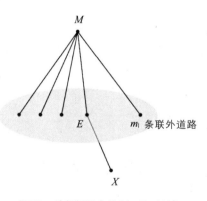

图 77　首都问题中的 M、E、X 城

换句话说：每个直达道路数量为最大值 m 的城市，都适合当作首都，根据顾问建议的条件。一个既狡猾、又漂亮的解。

16

递归原理

解题时可以将问题一步一步推到更简单的版本吗？

递归这种东西就是，假如你认识某个了解递归的人，就能了解它。

——Th. Frühwirth

等待喜悦也是一种喜悦。

——莱辛（G. E. Lessing）

谈判的目的不在于胜利，

而是让对方相信

他获得胜利，甚至是让他相信

他让我相信

我获得胜利。

——罗尔夫·多比利（Rolf Dobelli）

公家机关散文选。

"这不表示抗议一个在期限内接受抗议必须像放弃抗议

或是抗议放弃抗议以及接受抗议一样被看待。"

——节录自巴伐利亚高等法院的裁决结果

递归：见"递归"

——斯坦凯利 – 布莱尔字典中的词条：The Computer Contradictionary

递归（Rekursion）一词是从拉丁文 recurrere（意思为往回跑）衍伸而来，代表的意义为自我参照。一般情况下的意思是将结果运用在（大部分重复）一个运算上。这种自我参照既可抽象也可具体，出现在日常生活的许多领域当中：包装里出现一幅画，画中也出现同样的包装；电视中一个画面显示桌子上摆着一台电视，那台电视的画面出现一张摆着一台电视的桌子，以此类推。

一些现代生活工具也可以让人涉及递归的结构。今日的电话可以不只接一个人的来电。和 A 讲电话时，B 可以插拨进来，现在只要按个钮就可以保留与 A 的通话，接起 B 的来电。如果还有 C 打电话来，可以再将 B 的来电保留，与 C 通话。若还有个 D 打电话来，可以请 C 稍等，接起 D 的电话，以此类推。

若和 D 的谈话结束，可以回到与 C 的通话，这方结束后再回到 B，最后到 A。如果和 D 通话时还有人打过来，递归的深度便逐步增加。

卓别林的电影《大独裁者》一开始的场景，便幽默地诠释了递归的意义。应该朝着目标轰出的炮弹却直接掉出炮管。点火装置出了问题。最高阶的军官对着比他低一级的军官下令："检查点火装置！"这个军官也马上将同样的命令转达给直接的下属，将任务交付给他，进而完成自己的任务。"检查点火装置！"的命令通过转达给下属的方式被执行。这个命令最后到了最低级，由卓别林饰演的士兵身上。他也试着将命令转达给别人，但给谁呢？已经没有接受他命令的人的存在，最后他只好自己执行。

巴维拉斯实验

斯坦福大学教授巴维拉斯（Alex Bavelas）在某次研究中，分别给两组受试者看不同的人体细胞图片。没有医学背景的两人必须靠着尝试错误法，来分辨健康细胞和生病的细胞。他们可以获得回馈意见，得知自己的诊断结果是对还是错。根据回馈意见，他们就能慢慢发展出一套判断细胞是否生病的系统。

但此实验却有个陷阱。只有一组受试者（A）会获得正确的回馈意见，因此 A 组只需要学会判断两种细胞，这并不是十分困难，大部分参与实验的人有 80% 的成功率。

另一组受试者（B）遇到的情况却截然不同，但他们和 A 组均浑然不知这件事。他们获得的回馈意见并非根据自己的诊断，而是基于 A 组的诊断；他们获得的回馈意见等于是 A 组的诊断对错结果。B 组必须根据贫乏且递归的信息情况，发展出判断细胞状态的系统。

之后，A 和 B 两组要讨论各自的诊断原则。基本上来说，A 组的原则既简单又具体，但 B 组的原则十分难以捉摸，且非常复杂，因为他必须根据贫乏且间接的信息来建立（错误的）判别系统。有趣的是，A 组并不认为 B 组的系统不清不楚，相反地对这套充满细节、高明复杂的系统印象深刻，认为自己一定漏看了什么东西，并假设自己平庸又简单的系统一定不及 B 组。B 组的所有受试者和 A 组大部分的受试者，都认为较复杂却错误的系统比较高明。如果现在两组继续做测试，B 组的成功率真的比 A 组高，因为 A 组在讨论过后接收了一些 B 组的不清不楚的想法，因此造成他们的系统不正确，成功率变低。这就是现实扭曲传染效应的典型范例。

若再增加一组受试者，其回馈结果取决于 B 组的答案，而 B 组取决于 A 组的答案，将递归的层级变多，一定很有趣。

母鸡只是一颗蛋再下一颗蛋的表现方式。

——英国作家巴特勒（Samuel Butler, 1835—1902）

递归是帮助解决问题和完成任务十分有利的工具。我们现在就用几个例子来示范。

派对过后的早晨

碗盘必须清洗。你正好经过厨房，有人问你："能不能把碗盘洗一洗？"你虽然接受了任务，但一点兴致也没有。所以你洗了一部分碗盘后，便找下一个人问："能不能把碗盘洗一洗？"这个人洗了一部分之后也采取同样方式。因为每个人都洗了一部分的碗盘，这个方法不会陷入无限循环。因为必须被完成的工作一步一步地减少，最终洗碗槽总会变空，到时就不用再执行询问"能不能把碗盘洗一洗"这个任务。每一个递归程序（不管是任务、定义或是过程）都需要一个这样的点，才不会陷入无限轮回。

慈善机构介绍新宣传活动的记者会

女公关把自己刚满周岁的健康宝宝带到记者会现场。她往麦克风的方向前进时，将宝宝交给讲台上第一位先生，希望他能代为照顾。以一种不一样的方式：这位先生把宝宝递给下一位先生。第二位先生也以递归的方式进行，直到所有六位男士都轮过一遍。最后一位男士站起身，带着宝宝离开讲台。两分钟后他回到现场，坐了下来。他将宝宝交到衣帽间。

——托尔夫（Alexander Tropf）：生命自己写下的挫败

（ *Niederlagen, die das Leben selber schrieb* ）

数学里的递归策略也存在了超过两千年之久。现存下来的最早例子之一是西奥多罗斯（Theodorus，前 465—398）的车轮。他是毕达哥拉斯的学生、柏拉图的老师，同时也是毕氏学派的成员。西奥多罗斯是第一个用递归的方法，将无理数 $\sqrt{2}$ 、$\sqrt{3}$ 、$\sqrt{5}$ 、$\sqrt{7}$ ……以线段长做图呈现出来的人。他的第一步是做出两股均为 1 的直角三角形 D_1。D_1 的斜边，便构成了直角三角形 D_2 的其中一股，另一股的长度

也为 1。如此递归下去。D_{n-1} 的斜边是 D_n 的其中一股，另一股的长度是 1。由勾股定理，这就表示：

D_1 的斜边长为 $h_1 = \sqrt{2}$，D_n 的斜边长为 $h_{n-1} = \sqrt{h_{n-1}^2 + 1}$，对所有的 n=2，3，4，…。这样一来，就递归产生出线段长度 $\sqrt{n}$ 的序列。

递归原理，一个无限聪明、可以将问题一般化的结构。

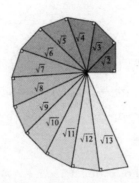

图 78　西奥多罗斯的车轮

使用递归原理也可以画出有趣的图形，像是造出偶尔被称为"怪兽曲线"的图形，例如科赫曲线。从一条线段开始，接下来的建构规则简单好懂，主要就是将每条线段 g 换成四段长度为原来的三分之一 $g/3$ 的新线段，方法如下：

每条线段换成：

这个代换过程重复递归下去。从一条简单的线段开始，前面几个步骤的变化就会像下面的样子：

整个过程无止境地重复做下去，便能做出科赫曲线。

最后，再提一下递归缩写。这是一种自我参照的语言结构。最好的例子就是 VISA 国际组织的缩写，这个字代表：

VISA International Service Association

数学解题策略当中的递归原理，是一种将问题逐步推到较简单版本的方法。这里我们也有一个应用案例。

终结玩家

A、B 两位玩家在玩一种简单的硬币游戏，开始时两人手上的本钱分别是 a 和 b 欧元。其中一人掷硬币。若掷出正面，A 从 B 身上获得一欧元，若出现反面，B 从 A 身上获得一欧元。游戏一直持续进行到其中一人输光一开始的本钱为止。玩家 B 先输光钱的概率有多大？

我们把 A、B 两人的共有本钱简写成 $k=a+b$，而用 $p(x)$ 代表 B 先输光钱的概率，此时 A 手上还有 x 欧元及 B 还有 $k-x$ 欧元。我们对 $p(a)$ 特别感兴趣，但若定义并决定出 $x=0$，1，2，…，k 时的函数 $p(x)$，对于解题来说会十分有用也比较容易（一般化原则！）。如果 A 目前还剩下 x 欧元，那么他在下一局游戏后不是剩下 $x+1$，就是 $x-1$ 欧元，取决于游戏的输赢。两个情况出现的概率相等，都是 1/2（对称原理！）。我们的思路从这里找到了出口。从最初的考虑，我们可以写出以下的方程式：

$$p(x) = 1/2p(x-1) + 1/2p(x+1)，对所有的 x=1, \cdots, k-1$$

两个边界值分别为：

$$p(0) = 0$$
$$p(k) = 1$$

我们也可以把刚才的方程式写成以下的形式：

$$p(x+1) - p(x) = p(x) - p(x-1)$$
$$对所有的 x=1, \cdots, k-1 \tag{32}$$

这么一来，我们就准备好要使用递归原理了。借由（32），这个问题可以自行一步步化简。说得具体些，关系式 $p(x+1) - p(x)$ 的值，可以重复循环递归下去，一直做到 $p(1) - p(0) = p(1)$ 为止。也就是像下面这串方程式：

$$p(x+1) - p(x) = p(x) - p(x-1) = p(x-1) - p(x-2) =$$
$$\cdots\cdots = p(1) - p(0) = p(1)$$

这对于所有的 $x=1, \cdots, k-1$ 都成立。

于是，我们得到了这个漂亮的基本成果和有用的关系式：

$$p(x+1) = p(x) + p(1)$$

现在我们就明确地列出算式，稍微整理一下。

$$p（2）=p（1）+p（1）=2 \cdot p（1）$$
$$p（3）=p（2）+p（1）=2 \cdot p（1）+p（1）=3 \cdot p（1）$$
$$p（4）=p（3）+p（1）=3 \cdot p（1）+p（1）=4 \cdot p（1）$$

$$\vdots$$

$$p（x）=x \cdot p（1），其中 x=0，\cdots，k$$

其余就靠代数运算了。将 $x=k$ 代入，也就是考虑边界值，可得：

$$p（k）=k \cdot p（1）=1，所以 p（1）=1/k$$

至于 B 输光钱的概率公式，就水到渠成了。十分简单：

$$p（x）=x/k，其中 x=0，1，2，\cdots，k$$

最后我们仍要将目光拉回到 $x=a$ 这个特殊情形，得到 $p（a）=a/k$，这便是所求的概率。大功告成，圣诞佳节快乐。

圣诞聚会和礼物

一间公司里，n 个职员的圣诞礼物会用以下方式分配：每个职员带一份礼物参加圣诞聚会，接着职员随机抽出每个人带来的礼物。去年聚会时，一个职员抽到了自己带来的礼物。这是件不寻常的事吗？

解：首先，把编号 1 到 n 的礼物分给编号 1 到 n 的职员，一共有 $n×（n-1）×（n-2）× \cdots ×3×2×1=n！$ 种方法；编号的原则是，

i 号礼物是由 *i* 号职员带来的。

现在，假设 a_n 为 *n*！种排列方法当中的错排数。如果 *i* 号礼物并非被 *i* 号职员抽到（我们说"对象 *i* 不在位置 *i*"），这种排列就称为错排。稍微回想一下，你会发现我们已经处理过具有相同结构的问题，也就是在前文提到的《男士健康》杂志文章中提出的问题（类推原则！）；答案就是（15）式，是由排容原理解出来的。现在我们要用递归原理得出相同的答案。

我们要具体地导出 a_n 的递归关系式。为了让第一个位置错排，对象 1 不能在位置 1，也就是说，对象 1 只有 *n*–1 个位置可以选择。现在我们来求对象 1 在位置 2 的错排数；结果必须再乘上 *n*–1 才能得到 a_n；因为对称的关系，对象 1 在位置 2 的错排数会等于对象 1 在任何位置 *i*=3，4，…，*n* 的错排数。

对象 1 在位置 2 的错排数到底有多少呢？有一些排法是对象 2 在位置 1，正好有 a_{n-2} 种，因为如此一来，我们要在剩下的 *n*–2 个位置 3，4，…，*n*，摆上其余的 *n*–2 个对象 3，4，…，*n*，摆法有 a_{n-2} 种。另一方面，如果对象 2 不在位置 1，那么我就必须将 *n*–1 个对象分配到 *n*–1 个位置，但对象 2 不在位置 1，对象 3 不在位置 3，对象 4 不在位置 4，…，对象 *n* 不在位置 n。要如此排列，方法总共有 a_{n-1} 种。所以，我们得到下面这个关系式：

$$a_n=(n{-}1)(a_{n-1}+a_{n-2}) \tag{33}$$

这是个递归方程式，将原本的问题（即 *n* 个对象的错排数）关联到相同的问题，但是针对 *n*–1 个和 *n*–2 个对象。从实际应用的角度出发，这个方程式应该对任意 *n*=3，4，5，…都成立。递归的起始值当然是 a_1=0（如果只有一个对象，就不会有错排）以及 a_2=1〔对象 1 和对象 2 的唯一错排法就是（2，1）〕。由（33），我们可以一步一步地算

出 a_3、a_4 等数值，例如：

$$a_3 = 2 \times (a_2 + a_1) = 2 \cdot (1 + 0) = 2$$

和：

$$a_4 = 3 \times (a_3 + a_2) = 3 \cdot (2 + 1) = 9$$

但要如何得出 a_n 的式子呢？为此，我们将（33）这个关系式改写成以下的形式：

$$a_n - na_{n-1} = -(a_{n-1} - (n-1)a_{n-2}) \qquad （34）$$

再令 $a_n - na_{n-1} = d_n$，其中 $n = 2、3\cdots\cdots$。然后，利用 d_n，便可将（34）简单地表达为：

$$d_n = -d_{n-1}$$

十分令人满意的结果。将这个关系式递归下去，可得：

$$d_n = (-1)d_{n-1} = (-1)^2 d_{n-2} = (-1)^3 d_{n-3} = \cdots = (-1)^{n-2}d_2$$

把 d_n 导回 d_2。刚刚看起来威风凛凛的递归问题，现在不过只是自己的影子，因为从 a_1 和 a_2 可以轻松计算出 d_2：也就是 $d_2 = a_2 - 2 \cdot a_1 = 1 - 2 \cdot 0 = 1 = (-1)^2$，因此：

$$d_n = (-1)^{n-2}d_2 = (-1)^{n-2}(-1)^2 = (-1)^n$$

将 d^n 换成原本的 $a^n - na^{n-1}$ 之后，就得到：

$$d_n = a_n - na_{n-1} = (-1)^n \text{ 或是 } a_n = na_{n-1} + (-1)^n$$

尽管这还是个递归关系式，但我们的进展却相当可观。现在方程式的右边只有 a_{n-1}，并非像之前一样有 a_{n-1} 和 a_{n-2}，处理起来会简单许多。虽然缓慢，但信心未受打击，我们慢慢地取得了解题优势。错排数 a_n 除以所有 n 个对象的排列数 $n!$，会等于错排占所有排列的比例，而这个比例可以写成下面这个式子：

$$a_n/n! = a_{n-1}/(n-1)! + (-1)^n/n!$$

运用递归关系，可直接得到：

$$a_n/n! = 1/2! - 1/3! + 1/4! - \cdots (-1)_n/n! \qquad (35)$$

举例来说，在 $n=5$ 的情形下，（35）式的右边等于 0.36667，在 $n=10$ 的情形下，则等于 0.36787946。n 越大，结果会越接近 $1/e = 0.36787944$。这表示错排只占了所有排列的 37%，而我们可以假设，下次圣诞聚会时至少有一个职员会抽到自己带来的礼物。

整数对于……而言是……

普通人：100、1 000、50 000

数学家：p、e、$\sqrt{2}$

计算机工程师：8、32、256

卖菜小贩：99 块、999 块

电工：9、12、220

嘉年华社团：11、111

美国总统大选败选者：52.9%

美国总统大选胜选者：47.2%

开车的人：911、121、106

棋手：8、16、64

情色电话接听员：0204

17

步步逼近原则

解题时，可以先找出一个近似解，然后在后续步骤中持续改进吗？

朴实又简单
长长的一天中
从右到左逼近

——计算机针对"步步逼近"这个主题创造的俳句

　　这里描绘的启发式思考法，是一种渐近的但目标明确的解题法。步步逼近，或称逐次逼近，通常与迭代（iteration）有关。iteration 这个词源自拉丁文 iterare，意思为"重复"。大部分的迭代像一种反馈。我们会把做完一次逼近或迭代后得到的结果再代进系统中，变成下一个步骤的起点，如此反复下去，直到结果令人满意为止。

　　逐次逼近是一般科学发展过程的标志。我们现在用其中一个例子来熟悉这个方法。在现存最古老的文献中，宇宙观仍认为地球是平的。生活在两河流域的人认为，地球是漂浮在海洋中的平面。这个宇宙观也笼罩着古希腊思想家，从阿那克西曼德（Anaximander，前610—前545）描绘的地图上便能得知。这并不令人惊讶，因为姑且不论地球实际的形状，局部的地球看来真的是平的，而且三千年前的人还没有能动摇这个观点的观测结果或测量值。这些都是之后才出现的。

　　亚里士多德（Aristoteles，前384—前322）已经相信地球是圆的。他观察到地球在月食时投射到月球上的影子是圆形，不管月亮在地平在线多高的位置。只有球体才会在各方向上有圆形的影子，这也是让亚里士多德觉得值得思考地球曲线的原因。因此，他将地球是平的这个想法归类到过时想法。

从球体的想法出发，埃拉托斯特尼（Eratosthenes，前 276—前 194）成功地计算出地球的周长。他是数学家、历史学家、地理学家，而且还是诗人和语言学家。简单说，是个超级学者。

埃拉托斯特尼听说在 6 月 21 日，也就是夏至这一天，正午时阳光会照亮塞尼（今天的亚斯文）城里的一口深井，也就是直射进这口井。但在同一天，位于塞尼北方 4 900 斯塔德[①] 远的故乡亚历山德拉城，太阳却不是在天顶。公元前 224 年 6 月 21 日的早上，埃拉托斯特尼前往亚历山德拉著名的方尖碑，发现正午时方尖碑有影子。他从影子的长度，算出当天太阳最高点与天顶的夹角是 w=7°。

从这些信息，他得出一个简单的结论。地球周长 U 与亚历山德拉和塞尼两地距离 a=4 900 斯塔德之比，必定等于 360° 与 7° 之比：

$$U/a=360°/7°$$

这表示：U=360×4 900/7 斯塔德 =252 000 斯塔德，而 1 斯塔德等于 0.160 千米，所以可得到地球周长为 40 320 千米。与今日的测量值 40 041 公里相差不远，真可说是一项杰出的成就。

地球表面不是平的，而是弯曲的，但弯曲度非常小，一直延伸到

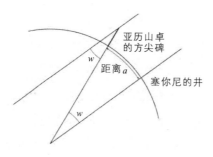

图 79　埃拉托斯特尼推算地球周长

---

① 古希腊长度单位。

大约四万公里才走完一圈。我们将球体的曲率，定义成直径的倒数，便可得到地球的曲率为每公里 0.000 078（将 1 除以直径，单位为公里），当然非常靠近每公里为 0——平坦地球的"曲率"。平坦的地球当然不会下倾，周长 40 041 公里的球体每公里只下倾 12.53 厘米。从这个意义看来，地球为平的理论对于许多实际的应用，仅仅只是稍微不准确（曲率 0 对上曲率 0.000 078），但对航海家和做远途旅行的商人而言，这却是极大的差别。

使用工具仔细观察的话，可以发现地球为球形的假设只是一个近似值。从球面上任一点出发，经过球心到对面那点的所有距离，在完美球形上必定是等长的。但在地球却不是这么回事。牛顿利用数学方法，预测了地球与圆球形的差异。他得出的结论是，物体在重力的影响下还会保持球形，但若物体同时又要旋转的话，便不会是正球形。在此情形下，就要考虑其他作用力的影响。地球两极较扁平，赤道地区鼓起，主要的原因是地球自转造成的离心力。这个力在赤道最强，抵消了一部分的重力。从远处看起来，地球就像一个稍微压扁的球。随之而来的结果就是，地球的直径并非全都等长；南北极之间的距离只有 12 713 公里，而赤道处的直径却是 12 756 公里。因此，正球形和扁球形之间，差异并不大，最大直径与最小直径仅相差 43 公里。我们把"地球扁率"定义为（12 756–12 713）/12 756=0.00 337。

这个值和 0 之间的差异也不是很大，扁率若为 0，就是完美的正球形。但这显然又朝向事实迈进一步，而且是由最重要的一件事情引起：地球自转。

但这还不是最后的结论。20 世纪 50 年代末，通过卫星以前所未见的精准度测量地球形状后，我们发现，赤道以南凸起的程度比赤道以北更为明显，因此南极比北极更靠近地球的中心。所以，地球的形状事实上有点像西洋梨。科学家把它称为象地体（Geoid）：在宇宙中蹒跚、呈梨形的扁球体。随着这个更正，我们踏进了曲率每公里仅做出细微改变的更动范围。所以我们就让它不了了之。

以上描绘的发展，非常美妙地显示出科学仿真的过程，以及新的理论如何从建立、到后续因为进一步了解和观察而逐渐发展与改良。总归来说，科学的整个发展历程可以视为以模型逐步逼近真实状况的过程。

葛洛姆针对模拟的口诀

别把模型和现实搞混。（口诀：别吃菜单！）

别外推到模型原先设定的范围之外。（口诀：跳水时别跳进给非泳者的池子！）

使用模型之前，先检查一下模型依据的假设及简化条件。（口诀：使用前请阅读使用说明！）

别为了符合模型而去扭曲现实。（口诀：别变成普洛克路斯忒斯[①]！）

别紧抓着过时的模型不放。（口诀：避免在死马上加鞭！）

别以为有了一点概念，就能赶走恶魔。（口诀：侏儒妖[②]！）

别爱上自己的模型。（口诀：皮格马利翁[③]！）

而且别忘记：呈现一只猫最好的模型是一只猫。尽可能用同一只。（口诀：实物就是最好的模型！）

逐次逼近是一个原则上任何地方都可以使用的解题启发思考法。第一步之后，大部分会产生一个接近我们所求状态的粗略近似值。此

---

① 古希腊神话人物，海神波赛冬之子。开设黑店，拦截行人。店内设有一张铁床，旅客投宿时，将身高者截断，身矮者则强行拉长，使与床的长短相等。
② 格林童话人物。
③ 是希腊神话中赛普勒斯国王，据古罗马诗人奥维德《变形记》中记述，皮格马利翁为一位雕刻家，他根据自己心中理想的女性形象创作了一个象牙塑像，并爱上了他的作品（维基百科）。

近似值接着就成为下一步改进的出发点。如果之后产生的结果不如预期，可以继续改进，直到目标状态和已经到达的实际状态之间的差异消除了，或是小到可以忽略。

所有创意写作的形式，也可以譬喻作迭代的过程。原则上从一个粗糙的第一版本开始，在经过多次的迭代后建构内容，改良风格，直到最终版本完成。事实上，需要创意的大部分人类活动，都是以此模式进行。一笔一画，抱持着形成样式会到达令人满意的希望，首先进行原始版本的工作，再循序改善。现在我们用一些例子来进一步阐释。

三等分正方形

请你想尽办法，在一个边长为 1 的正方形中做出一个面积为 1/3 的区域。

有个策略使用到了此章介绍的启发思考法，就是不断让正方形的边长平分，用一连串的正方形来逼近。这个策略是基于很难将正方形等分成三个面积相同的区域，但是等分成四个同面积的区域却很简单。首先，将原始正方形的边长对半，等分成四个大小相同的正方形。接着，在右上角的正方形做相同的操作。然后，到右上角产生的小正方形再做一次四等分。照这个步骤持续做下去，一次又一次。

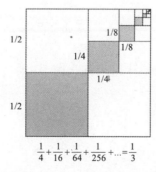

$$\frac{1}{4} + \frac{1}{16} + \frac{1}{64} + \frac{1}{256} + \cdots = \frac{1}{3}$$

图 80 通过一步又一步的四等分，将正方形三等分

第一次逼近的面积为 1/2·1/2=1/4。第二次操作产生的小正方形面积为 1/4·1/4=1/16，所以第二次逼近等于 1/4+1/16。第三次逼近则为 1/4+1/16+1/64。可以换个方式写成：

第一次逼近：$(1/4)^1$
第二次逼近：$(1/4)^1+(1/4)^2$
第三次逼近：$(1/4)^1+(1/4)^2+(1/4)^3$

以此类推，一般情形下，第 k 次逼近可以写成：

$$(1/4)^1+(1/4)^2+\cdots+(1/4)^k$$

利用我们所熟悉的公式，并做一点运算：

$$(x+x^2+\cdots+x^k)(1-x)=x+x^2+\cdots+x^k-(x^2+x^3+\cdots+x^{k+1})=x-x^{k+1}$$

应用到 $x=1/4$，就可以得到〔$(1/4)-(1/4)^{k+1}$〕／〔$1-(1/4)$〕。如果 k 越大，分母的 $(1/4)^{k+1}$ 就越小，分数的值就越靠近：

$$(1/4)／〔1-(1/4)〕=(1/4)／(3/4)=1/3$$

且 k 越大，就越靠近。
从图 80，我们可以推出以下的不等式：

$$1/4 < 1/3 < 2/4$$
$$2/8 < 1/3 < 3/8$$
$$5/16 < 1/3 < 6/16$$

$$10/32 < 1/3 < 11/32$$

$$21/64 < 1/3 < 22/64$$

这些区间的一半长度，也就是以区间中点当成近似值时的最大近似误差，分别是 1/8，1/16，1/32，1/64，…，也就是 2 的次方数 2^n，$n=3$，4，…。

如果允许无限多个步骤，我们就可以用此方法做出正方形的精准三等分。但如果只允许有限个步骤，我们三等分的方法只能做出一个近似值，伴随着可大可小的近似误差。

如果要三等分时该怎么办？

两千多年前古希腊人很感兴趣的三大经典作图问题之一，就是三等分角。这个问题是要在只使用直尺和圆规的情况下，运用有限次步骤的作图，将一个角三等分。直到 19 世纪，数学家旺策尔（Pierre Wantzel, 1814—1884）才证明出除了一些简单的角度之外，是不可能做到的。自此以后，凡是想要找出一个作图策略的尝试，便带有不可能任务的特质。

但在数学上证明为不可能，却不妨碍一些人宣称自己解出了不可能的证明。许多数学系今日常常收到不请自来的文件，自称成功以作图法做出了三等分角、化圆为方或是倍立方。有位数学家还特地准备好一张表格，上面写着："非常感谢您寄来手稿。第一个错误在第 ___ 页。"然后让学生填上页数，寻找错误对学生而言可是有用的练习。

美国数学家达德利（Underwood Dudley）写了一篇关于此主题的有趣文章。他在文章里引用了一封关于三等分角的信中出现的一段话："我的老师曾告诉我，数学家认为不可能找到此问题

的解。这个问题花我了超过 55 年来思考。40 年来努力研究了 12 000 个小时，我终于解出来了。我不是数学家，只是个退休公务员，今年 69 岁。"若将一天的工作时间订为 8 小时，这可是大约 6 年的工作量。天啊！6 年的时光浪费在寻找一个不存在的东西上，就像要寻找两个相加起来为奇数的奇数。如果送给你 6 年的时间，还有什么事不能做？

如果再有自以为做出三等分角的人来怎么办？达德利提了一个主意，应付那些特别纠缠不休、不被说服也不被打倒的三等分角狂热分子：让他去找另一个也自以为做出来的人，让他们两人讨论，就可以一下子赶跑两个人。

金字塔比例问题

希腊历史学家希罗多德（约前 490—前 425）在手稿中写下他在旅行时，从埃及祭司身上得知的胡夫金字塔的建筑计划。据说胡夫的大金字塔四个侧面的每一面，面积都等于金字塔高度的平方。我们就把这个信息化成以下的问题：侧面的高与底边的一半，两者的比例为何？

令金字塔高为 $\sqrt{x}$ 单位长，金字塔正方形底面的边长为 2 单位长。所以，金字塔高的平方为 x 平方单位。为了让三角形侧面的面积为 x，三角形的高必须等于 x，因为三角形的面积为底乘高除以 2。从以上这些信息，再利用勾股定理，我们就可以写出：

$$x^2 = (\sqrt{x})^2 + 1$$

或是：

$$x^2 = x + 1$$

这表示：

$$x = 1 + 1/x$$

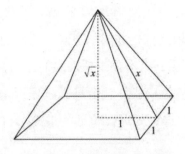

图 81　高为 $\sqrt{x}$ 的金字塔（示意图）

未知数 x 的值是多少？我们可以通过逐次逼近法来解 x。由 $x=1+1/x$ 这个等式，我们想到可以找函数 $f(x)=1+1/x$ 图形与角平分线 $y=x$ 的交点。

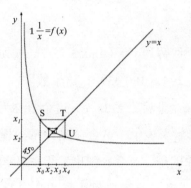

图 82　逐次逼近

下面这个表，列出了以初始值 $x_0=1$ 为例，所得到的初始值、函数值、函数值的函数值等等：

$x_0=1$	$x_1=f(x_0)$	$x_2=f(x_1)=f[f(x_0)]$	$x_3=f(x_2)$	$x_4=f(x_3)$	$x_5=f(x_4)$
$x_0=1$	$x_1=2$	$x_2=1.500$	$x_3=1.667$	$x_4=1.600$	$x_5=1.625$

从第一个近似值 x_0，画一条通过 $x=x_0$ 且与 y 轴平行的垂直线，得到与 $f(x)=1+1/x$ 图形的交点 S。S 点的 y 坐标为 x_1；我们很容易在 x 轴上画出 x_1，方法就是从 S 点画出一条与 x 轴平行，且与 $y=x$ 交于 T 点的水平线，从 T 点垂直往下画一条与 y 轴平行、与 x 轴相交

的直线。现在，把 x_1 再代回函数 f（也就是迭代），得到点 U =〔x_1, $f(x_1)$〕，我们可以用同样的步骤，把 U 点的 y 坐标 $f(x_1)$ =x_2 画到 x 轴上。如此就能产生一个有如蜘蛛网般的图形，我们可以轻易地想象，持续进行这个演算模式，就会越来越逼近函数 $y=1+1/x$ 与角平分线 $y=x$ 的交点 x^*。这个交点会满足关系式 $x^*=1+1/x^*$，也就是以下方程序的正数解：

$$x=1+1/x$$

或是：
$$x^2=x+1$$

也可写成：
$$x^2-x-1=0$$

这个方程式的正数解为 $x^*=(1+\sqrt{5})/2$。数列 x_0, x_1, x_2, $\cdots$ 会任意趋近于 $(1+\sqrt{5})/2=1.6\,180\,339\cdots$ 这个数。

这里出现的是一个非常有名的数。这个数称为黄金分割（或黄金比例），以希腊字母 ϕ 来表示。黄金分割经常出现在自然界、科学与技术领域中。有个原因是，黄金分割也是斐波那契数列 F_0, F_1, F_2, $\cdots$ 前后两项之比的极限值。斐波那契数列的开头两项是 $F_0=0$ 和 $F_1=1$，接下来的数为前面两项的和：$F_{n+1}=F_n+F_{n-1}$。数列一开始的数字为 0, 1, 1, 2, 3, 5, 8, 13, 21, 34, 55, 89, $\cdots$。

逼近值：经验法则

π 秒等于十亿分之一世纪，即 10^{-7} 年（准确到 0.5%）。

1 微微微秒差距（Attoparsec）等于每秒 1 英寸（更精确些，是每秒 1.0043 英寸）。

12！=479 001 600 英里（1 英里 =1.609 公里），是太阳与木星的平均距离（两者之间的距离从 459 800 000 英里到 506 800

---

000 英里，平均为 4.83×10^8 英里）。

　　1 英里为 φ＝（1＋）/2 公里，说得更精确些，就是 1.609 公里。因为 φ 是费波那契数列 Fn 连续两项之比的极限值，会产生一连串的逼近：Fn 英里 ＝Fn+1 公里，例如 21 英里 ＝34 公里，34 英里 ＝55 公里，55 英里 ＝89 公里等。

着色原理

我们可以通过使用颜色，在问题的结构中建构出模式，然后从中汲取解题的信息吗？

真正的颜色并非全部在同一个区块上。

——schreibart.de 网站，2007 年 9 月 22 日

颜色也能让人思考。

——佚名

歌唱比绘画还要危险。唱错几个音，

马上被批评得一无是处——

用错几个颜色，也许还能够得奖。

——马可·德·摩纳哥（Marco del Monaco），艺术家

只有少数人能够抵抗

散布于四处可见的大自然中的色彩魅力。

——歌德

　　德国标准化学会（DIN）第 5033 号规则中说道："颜色为眼睛在视野中知觉到的不具结构部分，通过这种感觉，在眼睛不动的状态，使用单眼观察就可以区别另一个同时被看见，相邻且同样不具结构的部分。"

　　也就是说，我们可以通过对颜色的感觉，来辨别两种不具结构、相同亮度的表面。当特定波长或是混合波长的电磁辐射落在眼睛的视网膜上，刺激特殊的感觉细胞时，便会产生对颜色的感觉。人眼可看见的波长范围是 380 纳米（紫）到 750 纳米（红）。

　　在演化过程中，许多移动特别迅速的生物，发展出能够感应类似

波长范围的感觉器官。有些昆虫还可以看到一部分的短波长紫外线，这种辐射我们人类看不到，却会导致皮肤变黑。

人类眼睛里有三种不同的接收器，能将光线转换成神经脉冲，传送到大脑的视锥细胞。在大脑里，不同的刺激信号会解读为不同的颜色。也就是说，颜色是在脑袋中产生的，并非万物本身的性质；一种以电磁辐射为基础，在本身完全无色彩的世界中自我制造出来的经验特质。

以纯物理学的角度来看，颜色就是波长范围从 380 纳米的紫色连续变化到 750 纳米的红色，而人类的眼睛因为有大脑的协力合作，分辨率高到可以分辨出几百万种颜色变化。

我们看到的彩虹是什么样子？有几种颜色？根据语言中描述颜色的文字，我们又可把这个色彩空间概略分为几个子集。迷人的事在于，不同的语言，会将光谱归类到一些非常不同的集合中。形容颜色的文字和其对应的联想，并非举世一致。在此我们就来比较一下德语、巴萨语（在喀麦隆使用的一种班图语），以及绍纳语（津巴布韦的官方语言）。

这三种语言在颜色空间分类的精细程度不同。格外引人注意的是，在绍纳语中，可见光波长范围的两端（橙、红和紫）都以同一个字（cipswuka）来代表。

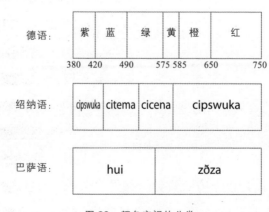

图 83 颜色空间的分类

不同语言中，代表基本颜色的词汇量不同。基本颜色词汇包括红、蓝、棕、灰等，不包括与其他词汇一起构成的词组（例如胭脂红），或是由物体名称延伸而来的字词（例如祖母绿），以及在应用方面不受限制（例如专指金发的 blond）的颜色。德语中有 11 个基本颜色词汇：黑、白、红、绿、黄、蓝、灰、橙、紫、粉红、棕。大规模的民族语言学研究显示，世界上几乎所有的语言都有 2 个到 12 个描述基础颜色的词汇：一端是对于颜色表现腼腆的语言，另一端则是色彩分辨率相当高的语言。

12 个基础颜色词汇：匈牙利语（2 个描述红色的词汇），俄语（2 个描述蓝色描述词汇）。

11 个基础颜色词汇：阿拉伯语、保加利亚语、德语、英语、希伯来语、日语、韩语、西班牙语、祖尼语（Zuni）。

如果一种语言中描述基础颜色的词汇少于 11 个，会造成严重的限制，如下图所示：

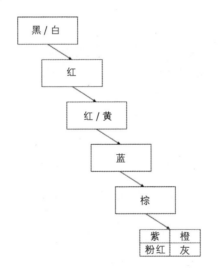

图 84　语言辨识色彩的示意图

这个图可以用以下方式解读。如果一个语言有红色这个基础词，那么它也有代表黑与白的词汇，像是蒂夫语（奈及利亚的一种班图语）。蒂夫语暗色的色调，像是我们语言中的绿、一些蓝色调、灰色调和黑色，都是以 ii（黑）这个词来代表。而亮色调的颜色像是明亮的蓝色调、浅灰色调和白色，是以 pupu（白）来代表，温暖的颜色像是棕色、红色和黄色，则是以 nyian（红）一词表达。

如果一种语言中有描述黄色或是绿色的词汇，那么一定也有代表红色、黑色和白色的词。像是在曼德语（属尼日－刚果语系）里：kole"白"、teli"黑"、kpou"红"、peine"绿"。

如果一种语言中有代表蓝色的词，那么也有代表绿或黄、红、黑和白，像是纳瓦荷语：lagai"白"、lidzin"黑"、lichi"红"、dotl'ish"蓝绿"（纳瓦荷族印第安人不区分蓝和绿，用同一个字代表这两种颜色）、litso"黄"。

许多只有五个基本颜色词汇的语言，不区分"绿"和"蓝"，像是除了纳瓦荷语之外，还有 Siron ó 语，一种属于南美洲图皮语系的语言，或是不区分"蓝"和"黑"，像是 Martu－Wangka 语，一种澳大利亚原住民语言。

还有比以上的例子更复杂的。就连同一个文化圈里，颜色词汇的意义还会出现变化。17 世纪时，德语中的"棕色"代表的是"深紫"到"深蓝"。那个时代有一首圣歌歌词是这样的：太阳西沉，棕色的夜晚逼近。

光谱被不同方式的归类，从这件事实可以带出另一个现在还无法明确回答的问题：语言上的差异是否也影响了语言用户的认知差异。

语言，思考，现实。

一个关于语言与思考之间关系的美妙例子，出现于最近的《纽约时报》上：在一家咖啡厅里，有位穿着优雅的女士对另一人说："谢天谢地有'玛芬'这个词，要不然我每天早餐都得吃蛋糕。"

大自然获得颜色之前的白垩纪，必定很阴沉。但接下来展开了一个持续数百万年的过程，让颜色不仅仅变成分辨和归类不同物体的工具，更是沟通的媒介、伪装工具、吓阻手段、疗法、意义载体、诱惑剂等各种用途。一段漫长的彩色化过程，1967年8月25日在德国随着彩色电视的引进到达了小高峰。

生命和色彩两者密不可分。举例而言，鸟类就是高度视觉导向的动物。雌鸟挑选可能的男伴之前，仔细地观察这些尽可能在外表上展现自己的候选者。许多两栖类动物为了吓阻敌人，身穿醒目的颜色：火红、柠檬黄或荧光绿。有些动物用亮眼的颜色散发出自己有毒的信号。其他能够改变身体颜色的动物，用这个方式达到沟通的作用。变色龙使用不同的颜色表达情绪，例如愤怒或恐惧。在其他动物身上，特定的颜色表示准备好要交配或是炫耀。此外，大部分的植物使用颜色装扮自己，好吸引昆虫来授粉，以此生存下去。

至少从3万年前开始，人类在各种不同的用途上使用颜色。穴居人已经会用色彩缤纷的图片装饰自己的家，国王和皇帝以大红大紫的袍服炫耀自己的地位。科学研究证实了，颜色多方面影响我们的思考、感觉及行为，广告中就常使用这些效应来制造气氛。职场上，有些老板在办公领域使用绿色系，因为研究指出绿色可降低因为病假造成的缺席率，因此提高生产力。医学上，会用颜色来增进治疗过程。大约在公元1000年，阿拉伯医生阿维森纳（Avicenna）已经发现蓝光能够降低血液循环，红光则可以刺激血液循环。目前已经知道，色彩缤纷的药丸的安慰剂效应，比白色药丸来得明显。在学校里，颜色用来提高专注力与学习意愿，在交通方面，颜色用来预防事故，在军事上，则把颜色用于掩护。

随时预备，每个地方都伪装。第一次世界大战时，德国士兵都配发了迷彩青灰色保险套。

20世纪80年代，美式足球艾奥瓦大学鹰眼队的教练海登·弗莱（Hayden Fry），把客队的更衣室漆成粉红色，因为研究显示这个颜色可以降低攻击性。以这个例子，我们踏进了色彩心理学的领域。就连歌德也是个风水大师。他位于威玛的房子有许多不同的色调，为了让不受欢迎的客人自己赶快离开，歌德将他们安排在蓝色的房间里；书房则漆成绿色，因为他认为这个可见光谱中央的颜色为感性及和谐的代表；用餐则是在温暖的黄色房间里。

仅仅带有狂想曲意味，针对颜色主题的典故，就在此告一个段落。我们现在要进入颜色与着色主题的数学层面，先来看一块大小为 8×8 的方格面积，要用 2×1 的瓷砖铺满，附带条件是瓷砖不能重叠，而且整个面积必须完全被瓷砖覆盖。下面呈现两种可能的铺法。

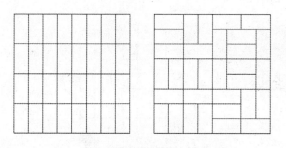

图85 用2×1的瓷砖铺满8×8的面积

物理学家费舍尔（M. E. Fisher）算出，一共有 $3\,604^2 = 12\,988\,816$ 种不同的铺法，让这32块瓷砖不重叠地铺满8×8的面积。

我们先来看奇偶原理在这个情况下的应用。这个原理可以做到什么？什么是做不到的，失败的原因为何？我们是在问可能及不可能的事情。假设我们要铺的8×8方格区域，右下角摆放了一个装饰用的花盆，那么还有可能将剩下的63格用瓷砖铺满而且不会重叠吗？

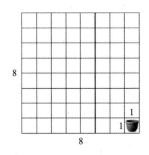

图 86　缺了一角的 8×8 区域铺砖问题

答案是：不可能。理由是基本的奇偶性。不可能铺满瓷砖的解释如下：凡是用 2×1 瓷砖铺满的平面，一定包含偶数个 1×1 的小方格，但是摆上花盆的 8×8 区域仅拥有 63 个 1×1 的小方格，也就是奇数。这就是奇偶原理的最佳表现。

但如果除了右下角之外，左上角也摆了花盆装饰，情况会是什么样子呢？

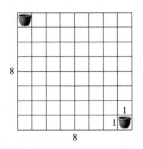

图 87　缺了两角的 8×8 区域铺砖问题

需铺砖的区域含 62 个 1×1 小方格。奇偶性在此再加工的情况下无能为力，没办法完成任务。它只能够解释，从奇偶性的理由来看无法否认能够成功铺满的可能性。但这却不能证明一定有可能铺满瓷砖，这个做法的局限性显而易见。如果我们试着铺满这个区域，结果不管怎么铺都不成功，这时候我们自然想问，是否有隐藏的原因导致不可能铺满。

真的有个原因。使用奇偶性的手段虽然失败，但我们可以添增一个基础但巧妙的着色论证来辅助奇偶原理，证明不可能铺满。我们就要来看看这两个原理如何互补。这是我们接下来的主题。

但到底什么是着色论证呢？现在我们想象一下，要在 8×8 方格区域着上颜色。在这个情况下，只需要基本的黑白图案，就像国际象棋盘一样。

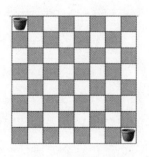

图88 国际象棋盘图案

重点在于以下的基本事实。第一点，两个花盆分别站在白色棋格里。第二点，每个 2×1 的瓷砖都会覆盖住一个黑格和一个白格，绝不可能同时覆盖两个黑格或白格。这两件事看起来有点不实用，但结合起来，就可以让情况马上明朗。不管铺了几块瓷砖，黑格和白格被覆盖的数量均相同。这等于是开启了锁定攻击的目标，因为抠掉两个被花盆占据的白格后，剩下来的 62 个小方格里有 32 个黑格与 30 个白格，都为偶数。但是若要铺满 62 格，一共需要 31 块白格与 31 个黑格（奇数）。因此，8×8 的区域抠去右下角和左上角两格后，不可能用大小为 2×1 的瓷砖来铺满。这是个简单的事实。

着色技巧有效地发挥效果。一个巧妙又简单的论证，迅速地解决了问题。几乎像是高斯解题的精神！！此外，通过简单的方式解开复杂的题目，更能创造出卓越的数学感。棋盘图案的中心概念就像敲在大钟的一击，回声嘹亮，而且也有可能应用在其他问题上。

这是个简单却又不失高明的典型着色证明。几乎回归到事物的纯粹形式。用眼睛观察来证明出不可能铺满，如果没有按照棋盘图案来着色的话，就算使用其他工具也很难证明。所以这个方法得到的评价为：特别珍贵。着色技巧获得明星地位。

我们现在还有一个稍微复杂些的范例。具体来说，我们要看一个 10×10 的区域是否可以用大小为 1×4 的瓷砖来铺满。

我们一共得需要 25 块这样的瓷砖。在这里，替这块区域着上颜色，也是发展理解的引擎。只不过，若是如法炮制涂成棋盘花样的黑白两色，再加上奇偶原理，这次并不能给我们任何线索，证明铺砖方法是否存在。这个原则没有办法射中目标，就像一道没有闪光的闪电。可能的过度反应是完全放弃着色技巧，但这样就太仓促了。现在正好是让我们应用微妙的着色技巧，强碰问题的时候。如果我们现在不是用两个，而是改用四个颜色，会变成什么情况？就像下图中用灰阶所画的这样：

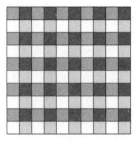

图 89　用四个灰阶颜色来着色的 10×10 区域

为了有所进展，我们记下所铺设的每一块 1×4 瓷砖，每块砖覆盖到的每种颜色格数会是偶数（也有可能为 0）。

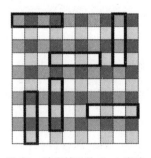

图 90　随意铺设的 4×1 瓷砖

这个想法简单又不起眼，但却具有决定性。现在奇偶原理又要举手发言了。从以上的基本想法马上可推论出，用一般方法来铺满

10×10方格区域的话，每个颜色的总格数都会是偶数。但把10×10的方格着色之后，每个颜色却刚好有25格，也就是奇数格。所以，一般的铺砖方法不可能铺满这个平面。着色技巧再次与奇偶原理连手解决问题，证明了铺砖方法不存在。

证明日常生活中的不存在性

我的同学，巴伐利亚小学的副校长，一辈子都没有驾照，现在居然要向菲尔斯滕费尔德布鲁克（Fürstenfeldbruck）税务局证明自己没有驾照。她一点都不知道该怎么办。原因是：她的先生有辆公务车，现在要证明他的太太并没有使用这辆车。

——施佩特（B. Späth）

根据颜色与巧妙着色法的解题技巧，经常用来证明某件事不可能。这类问题包括，要证明以下几种情形是不可能实现的：以特定形状的瓷砖铺满特定的面积，用特定形状的砖块装满特定的体积，利用具有特定性质的路径绕完特定区域，一般来说就是关于特定的排列情形。策略主要就是要引进一个着色模式，而这个模式的性质会与题目预想的排列条件不兼容。我们现在再看看一个拥有启发性的例子。

街区。

下图为14座城市以及连接道路的地图。

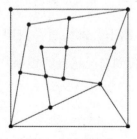

图91　城市和街道

有没有一条路线可把每座城市都走过恰好一次？

　　这里也能通过一个着色论证，证明题目所说的这种路线不可能存在。同样的，这取决于如何巧妙地替题目给定的结构着色。在目前的情况中，我们可将城市以黑色（s）和白色（w）来着色，而且有道路相连的两城市要用不同的颜色。下图显示了我们的着色方法是可行的。

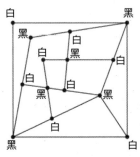

图 92　着色后的地图

　　每一条符合条件，也就是各经过 14 座城市一次的路径，必须满足颜色模式 wswswswswswswsws 或是 swswswswswswswsw，各通过 7 座白色和 7 座黑色的城市。但上面的地图中，有 6 个黑色和 8 个白色城市。因此现在我们可以马上确定，不可能有正好通过每座城市一次的路径。又是一个充满魅力的论证。

　　着色技巧的另一个重要应用领域，在于决定特殊排列的数量或是推导出这些排列的性质。我们也用图形来阐明这个应用范围。

动物世界探险：甲虫学

　　在 9×9 平面的每一格上，都坐着一只甲虫。每只甲虫听到信号后，便以对角线的方向爬到自己选择的相邻方格上。行动之后，有可能发生许多甲虫坐在同一方格上而有一些方格空着的情况。我们要找出最少会有多少个空格。

　　能够达到目标的解法，是将 9×9 方格的每一直行交替涂上白色和灰色，并且第一行以灰色开始：

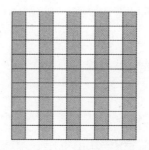

图 93　把大小为 9×9 的区域逐行着色

　　如此一来，一共产生了 45 个灰色和 36 个白色方格。甲虫爬到对角线相邻的格子，也就换了一个格子颜色：原本 45 只在灰色方格上的甲虫到了白色格子，另外 36 只本来在白色格子上的甲虫换成站在灰色格子上。所以在甲虫迁移后，至少会剩下 45−36=9 个空的灰色格子。这只是一个最低估计：至少有九个格子会是空的。我们必须通过一个具体的爬行指令，来示范上面计算出的空格数量真的存在。图 94 画出了这个指令，单箭头表示爬行方向，而通过双箭头连接的格子，代表两只甲虫互换位置。没有画出箭头出发的格子，代表上面的甲虫可爬到任意一个对角线格子上。只有黑色的格子上面没有甲虫。一共有 9 个格子。

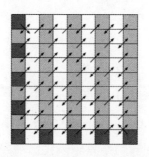

图 94　会留下黑色空位的爬行指令

　　我们最后的应用例子，是使用着色方法证明美丽非凡的"费马小定理"。这个定理做出一个稳定的整除声明：对于每个自然数 n 以及

任意质数 p，n^p-n 一定能被 p 整除。举例来说，若 $n=2$ 及 $p=3$，由这个定理可知，2^3-2 可以被 3 整除。没错！在 $n=3$ 及 $p=5$ 的情形下，3^5-3 可以被 5 整除也没错，因为 3^5 是 243。对我们而言，若要用传统的方法来证明，可不是个小问题，而是个 XL 尺寸的问题。但我们现在将用颜色解决它。

这个论证是个智慧体验，以下则是经验报道。假设我们手上有 n 种颜色的珍珠可以使用，想要从中选出 p 颗珍珠来串成项链。这是背景信息。我们先将 p 颗珍珠串成一串。因为每颗珍珠的颜色是 n 种当中的一种，根据乘法原理，这串珍珠就会有 n^p 种不同的排列法。

现在基于美感考虑，我们不欣赏单色的项链，所以要舍弃 n 种同色的情形，于是只剩下 n^p-n 种不同的排列。如果我们将珍珠串的两端接起来，有些排列会变成相同的珍珠项链。举例来说，如果以直线来看，将所有珍珠从最右边换到最左边，最后将两端绑起来时，会产生相同的圆形项链。像这样的相同排列，多久会出现一次？很显然，如果我们将一颗珍珠从最右边换 p 次换到最左边，会出现完全一致的排列，因为所有的 p 颗珍珠都回到了原本的位置。我们必须再检查一次是否替换较少的次数也可以达到相同的结果。假设 k 是将珍珠从右边换到左边，让排列相同的最小替换次数。于是我们可以写成：

$$p=rk+s$$

其中的 $s=0$，1，2，$\cdots$，$k-1$。通过一步步交换 p 颗珍珠的位置，可以回到原本的排列顺序，rk 次也可以达到相同结果。所以，交换 s 次珍珠的位置也必须达到相同的结果。但我们刚才已经假设，k 是可达到此目标的最小自然数，故 s 必定等于 0。由此可以推断，k 必定是 p 的因子。到这个阶段，提醒自己 p 是质数非常有帮助。所以，k 的值只剩下 $k=p$ 这个可能性，因此 $r=1$。将所有考虑的结果换句话表达：对

于非单色的 n^p-n 种珍珠串法，各会产生 p 条相同的项链。所以最后一共有（n^p-n）/p 种不同的彩色项链。因为（n^p-n）/p 是自然数，故（n^p-n）可以被 p 整除。这就是我们想证明的事情。

数学家再一次展现自己是熟悉美好事物的行家。一个经典美丽的整除论证，变成项链艺术的副产品。精妙地策划与实行。我们再一次想起全盛时期的高斯，然后很长一段时间什么也不想。希望证明这个定理之后，可以解除一般人认为抽象的数学事实只能用抽象的数学来证明的偏见。

⑲

随机化原则

我们可以在问题里引进一个随机的机制，使问题简化吗？

我不相信机遇巧合的存在。
能够在世界上获得成功的人士，
都是那些站起来寻找机会的人。

——萧伯纳（G. B. Shaw, 1856—1950）

未必发生的事终有可能发生，
正是概率的特性。

——亚里士多德（前384—前322）

机遇在我们的生命里无所不在，从生命开始到结束：哪个精子使卵子受精让我们诞生出来？哪种原因造成我们死亡？在出生与死亡之间，我们也必须在一个充满各种重要或不重要的随机现象的世界中，尽可能做出最佳的选择。

即使手术有 5% 的风险会带来严重的副作用以及永久伤害，我还是应该动手术吗？若降雨概率是 50%，我早上出门应该带伞吗？应该买哪只股票或是都不要买？我应该干哪一行，或是做哪项职业训练？今天晚上要去听歌剧还是看电影？

不过，我们可不只是被偶发事件掌握，我们还能为了自己的目的运用偶然性。下面就举几个例子来告诉您要如何运用。

游刃有"鱼"

假设我们想确定池塘里面有几条鱼。决定论式的方法会是把池塘里的所有鱼抓起来，数清后再把它们放回去。就结果而言，这是个非常费劲的方法，而且一定错误百出，毕竟没有办法保证抓到池塘里所有的鱼。

要估计不能完整计数或是难以计算的群体中的个体数量，就可以使用随机方法，这种方法很巧妙地运用到偶然性。一个相见与再次相见的方法，作用如下：假设池塘中有 N 条鱼。我们从这 N 条鱼中抓了 M 条，并用某种方法做记号，例如在它们身上标出红点。标记完后，再将这些鱼放回池塘。经过一段时间，等所有的鱼差不多随机"洗牌"后，再抓 n 条鱼出来。假设里面有 m 条鱼身上有标记。我们要如何从这样贫乏的信息中推估出 N 是多少？

有个看似合理的方法，是看第二次抓到的样本中，有多少条鱼身上有标记或没有标记，来代表池塘内有标记或没有标记的鱼总数量。换句话说，我们可以写出以下的等式：

第二次取得样本中，有标记的鱼所占的比例
＝池塘内所有的鱼中，有标记的鱼所占的比例

用符号表示，可以写成：

$$m/n = M/N$$

把式子改写一下，就得到池塘里鱼数的估计值：

$$N = n \cdot M/m$$

这个从部分数量估计其他数量的技巧，也可称为随机计数，有许多应用，例如用来估计人口。尼尔·麦克格尼（Neil Mckeganey）在

一项关于艾滋病传染情形的研究中（1993）写道他要估计格拉斯哥（Glasgow）地区的性工作者人数，主要就是使用这个方法。

另一个巧妙使用随机化的情况，是关于敏感问题的调查研究，因为直接提问可能会造成错误的结果。探讨敏感议题的民意调查和问卷，会因为回答内容不实或是拒答，而产生偏差。

> 大家都在说谎。我们的数字一团糟。我们的统计数据比八卦媒体的星座运势还不可靠。
>
> **意大利国家统计局主任在办公室自杀前写下的告别信**

为了防止上述的数据扭曲，华纳（Warner，1965）引进了一种使用到随机过程的方法，通过提问时采取的随机化，即使问题关于敏感或棘手主题，也能保证个人隐私不受损害。粗略来说，这个方法是把回答内容通过随机编码，让提问者不知道受访者的答案是针对哪一个问题，不管是棘手、替代还是不敏感的普通题目。诀窍在于分析答案时，推导出回答了敏感问题的受访者所占的比例。听起来像个巨大的工程，但实际上却十分简单。

描绘一个实际情况，对于了解这个方法十分有帮助。假设 p 是一群人之中曾经酒后驾车的未知占比。访问者给随机选出的受访者一个装有三张卡片的袋子。卡片长这个样子：

图 95　使用随机过程的调查问卷

接着将卡片丢到袋子里面。受访者从袋子里抽出一张卡片，而访问者不知道他抽出的是哪一个问题。接着受访者回答卡片上的问题，访问者不知道这个回答是针对酒后开车，还是黑色三角形这个无伤大雅的问题。而受访者知道访问者不知道自己的回答是针对哪个问题，这样他就没必要说谎。令人惊讶甚至一时会觉得耸动的是，由于这种匿名的问题设计，让访问者在分析答案时不需要自己诠释结果。

除了基本的想法之外，真正聪明的部分在于巧妙地分析答案及推导出答案与未知比例 p 之间的关系。我们假设，访问者用这个方法一共访问了 3 000 人，其中 1 200 人针对抽到的卡片问题回答了"是"，而答案究竟是针对三个问题的哪一个，只有受访者知道。平均来说，三分之一的受访者，也就是 1 000 名受访者，抽到了有黑色三角形的卡片，假设他们都诚实地回答了问题。另外 1 000 名抽到了没有三角形的卡片，剩下的 1 000 名抽到关于酒驾的问题。这表示从 1 200 个"是"的回答中，我们可以推断出有 1 000 个答案是针对带有三角形的卡片，所以 200 个答案是针对酒驾问题的。于是，欲求比例 p 的最佳估计值，就是 3 000 名受访者中的 200 人，也就是约有 7% 的人曾经在酒精的影响下开车。

这个获得信息的方法不仅仅是理论。在越战期间，美军领导层就曾经用这个方法调查部队中有多少人吸毒。许多人认为吸毒的士兵比例很高，这个传闻应该实际验证。但若是直接提问，不能期待士兵坦白承认吸毒，毕竟吸毒是犯法的。

使用估计的启发式方法

现在要介绍的随机化启发式思考法，是根据哥白尼人本原理（简称为哥白尼原理）：没有哪个观测者在宇宙中占有特别的位置。

把这个思考方式改变一下，把自己看成从一个参考组中与任一主题相关，随机选出来的个体。或是把这个观点延伸到任一对象或事件：如果没有任何信息能够区分一个对象或事件，那就可以假设，我们所考虑的对象或事件，与相同参考组中的所有对象或事件，之间具有典型的相对关系，参考组（根据脉络）可以是平均大小、速度、寿命、概率等等。

这是由美国科学家哥特（Richard J. Gott）提出的，他在自己的估计理论开头以此作为假设。虽然这个原则看起来不是很实际，但还是可以运用。

假设你知道，德国 40 岁的男性平均可以再活上 37.6 年，而 40 岁的女性甚至还有 42.7 年的寿命。此外你从统计数据中知道，活在前东德的男性平均寿命短 1.8 年，而已婚男性不管是住在德国东部还是西部，平均寿命都比全德男性平均寿命要长 1.4 年。你还在一篇医学文章中读到，如果一个人在四十岁时得了糖尿病，那么平均寿命将会减短 8 年。

在什么都不知道的情况下，你会如何预估一个来自德国、大约 40 岁的人还能再活多久？因为你不知道这个人的性别，所以将德国所有 40 岁人口当作参考组，用一般化后的哥白尼原理计算出平均寿命为（37.6 + 42.7）/2 = 40.2 年。

如果有告诉你这个人是来自前东德的男性，你一定会先把男性平均可以再活上的年数 37.6，扣掉 1.8，得到 35.8 年这个结果。随后你又得知这个人结了婚，便将他列入所有已婚、来自前东德的四十岁男性的参考组里，将目前的估计值 35.8 上修 1.4，得到 37.2 年的结果。现在你还知道，这位先生不久前被诊断出糖尿病，根据这个信息，你会将他剩余的预期寿命下修 8 年，最后得到 29.2 年的结果。最后得出的总预期寿命为 69 岁左右。

在第二个例子里，我们用哥白尼原理来预测人类还能存活多久，和刚才的例子不同的是，对于全人类并没有任何实际观察数据。我们要如何合理预测？

首先，我们来预测所有活过、现在还活着以及仍将活着的人数 N。出生的顺序，总之就照着《圣经》的说法，从亚当和夏娃开始编号为

1 和 2，一直到现在还没出生的第 N 个人，我们将他编号为 n。从绝对的排序换成相对的比例，可以得出 $a = n/N$ 为所有死去、现在活着以及尚未出生的人类中，按照时间顺序排列的相对位置。在我们得知绝对位置 n 之前，根据哥白尼原理，a 随机位于（0，1）的区间之内。

现在假设，即使得知我们的出生顺序 n，相对比例 a 还是随机位于（0，1）内。这个假设和我们不知道 N 的假设相同，除了 N 当然大于 n 之外。

我们可以从这些已知的事情推导出什么？根据给定的条件，我们有 95% 的信心说，我们的相对比例落在（0.05，1）区间内，简洁地表示就是，我们有 95% 的信心确定我们属于最后 95% 的人类。如果知道 n，就可以用 95% 的信赖水平算出 N 的界限。方法就是：如果有 95% 的信心确定 $a = n/N > 0.05$，那么也有 95% 的信心说 $N < 20n$。一点也不惊人，不是吗？

哲学家约翰·莱斯利（John Leslie）和其他人估计，到目前为止大约有 600 亿人诞生。如果按照这个估计值，n 就等于 600 亿，那么沿用刚刚考虑的 95% 信赖水平，我们可以说总人数会少于 20×600 亿 = 12 000 亿 = 1.2 兆。

为了把这个数量估计值转换成时间估计值，我们假设世界人口在不久后会趋于稳定，约为 100 亿，而平均寿命为 80 岁。然后我们就可以估计，大约多久之后剩下的 1.14 兆（12 000 亿－600 亿）人也将会死亡：（1 140/10）×80 = 9 120 年。

在现实，或至少接近现实的假设中，我们可以有高达 95% 的把握说，人类在大约 9 000 年后会绝迹。

想出这个方法的人是哥特，1969 年时他在柏林，参观了当时兴建刚满八年的柏林围墙。他自问，柏林围墙还会屹立多久。不预估复杂的地缘政治事件之后的变化，从中推理答案，为什么不利用哥白尼原理，像我们刚刚看见的，仅仅用目前存在的长短（！），加上所希望的信赖水平，来预测任一现象的未来持续时间。哥特当时，也就是在

1969 年，以 75% 的信心说柏林围墙会在 24 年后，也就是 1993 年，不复存在。后来柏林围墙于 1989 年倒下，哥特的一位朋友提起当初他做出的预测，于是哥特便决定发表这个预测方法。这个案例算是带给这个方法正面的形象。就算不是如此，这个方法也会因为它的广泛应用范围和可信度，而深深地吸引我们。不管如何，我不知道到底是奥古斯丁（Augustinus）还是乌韦·赛勒（Uwe Seeler）说过："预测错误并非罪孽。"这个方法是我暗自钟爱的预测方法。

再稍微提一下哥特是如何做出预测的。因为他以随机出现观察者的身份出现，观察柏林围墙的寿命，便能以 75% 的信心确定，他拜访柏林围墙的时间点 $t_{现在}$，落在围墙兴建后 1/4 的时间之后，也就是在围墙寿命的最后 3/4 的时间里。如果时间点 $t_{现在}$ 位于这个 75% 时间范围的最左边，围墙的未来时间就会最长。

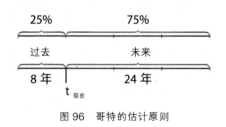

图 96　哥特的估计原则

换个方式来看：在 75% 的信心水平下，围墙还能继续屹立的时间最多为目前已存在的 8 年时间的 3 倍，也就是 24 年。

一项简单，从所需信息角度看来极为简约的方法，瞬间触动了美丽的思考艺术。我们也可以用这个方法探讨贝多芬或珍妮弗·罗培兹的音乐还会流行多久。谁的音乐可能在下个千禧年还会有听众？

贝多芬在 1782 年时发表了第一部音乐作品，距今（2008 年 8 月）226 年。珍妮弗·罗培兹在 1999 年 6 月发行了首张个人专辑。我们有 90% 的把握，确定贝多芬的音乐还有 226×9 年，也就是大约 2 000 年的生命期，而在相同的信心水平下，珍妮弗·罗培兹的音乐还会再流行 80 年左右。简单来说，我们可以预期，珍妮弗·罗培兹的音乐可能会随着目前的乐迷一起销声匿迹，而贝多芬的音乐即使到了第四个千禧年，还是很有机会听到。

在只知道过去存在时间的情况下，以这种方式推算任何现象之后的存在时间，实在令人着迷。使用哥白尼方法所需的必要条件，就只有观察者时间点的随机性。随机性决定了结果的有效性。如果没有满足此条件，就没有办法有效地运用这个方法。如果你大约在一栋建筑物落成后一个月时参加开幕式，就无法套用哥白尼方法的哲学，预测这栋建筑物有 75% 的概率无法撑过接下来的 3 个月。你被邀请参加特殊活动，也就是建筑物的开幕式，而在了解建筑业和开幕式后，可以知道这种庆祝活动都在建筑物刚完成的时期中举行，这个时间点并非随机分布在它的生命期中。

然而在下列的状况中，可以使用哥白尼方法：有朋友从正在读的一本书里念了他最喜欢的一句话给你听，而且提及他正读到第 27 页。你要如何估计这本书的总页数？或是另外一种状况：你去澳大利亚玩，澳大利亚友人邀请你参加一项运动盛事，你对这个比赛一点概念也没有，心想到底会有多少人观赛。你看了入场门票，发现上面的序号为 37。你要怎么推估观赛人数有多少？你的门票序号有 50% 的概率，是落在所售门票的后面一半。因此有 50% 的概率，最多会有 73 个人来看比赛。原因是，如果卖出了 74 或是更多张门票，那么序号 37 的票会在所售门票的前面一半。

如果想更肯定，可以将信赖水平提高到 80%、90%、95% 甚至更高。如果你对 90% 感到满意的话，就可以先考虑你的门票有 10% 的概率会落在所售门票的前十分之一，这表示 37 张或是更多张票有 10% 的概率在所有票中的前十分之一。于是，有 10% 的概率是一共卖出至少 $10 \times 37 = 370$ 张票，而相对的，有 90% 的概率是卖出不超过 370 张。

使用哥白尼原理时，建议避免考虑所有船、飞机或其他旅行方式的处女航。最好考虑一项航行过 40 次都没有发生意外的旅程，那么它下一次也有很高的概率平安无恙地度过旅行。这个法则应该可以防止你碰到像泰坦尼克号（处女航时沉没）、兴登堡号飞船（第 19 次横渡大西洋时烧毁）和挑战者号航天飞机（执行第 10 次任务时爆炸）的情况。

我们下一个有效运用随机化原则的例子，有着寓教于乐的本质。使用随机过程来还清债务的方法：

A 欠 B 一共 x 欧元，x 介于 0 到 1 之间。但 A 只有 1 欧元，而 B 没有办法找钱。两人于是决定使用以下方法达到财务平衡。

第一步：

首先确定欠的金额 x 落在〔0，1/2〕区间内。如果不是的话，硬币就到了另外一人手上，而这个人便欠对方 $1-x$ 欧元。

第二步：

手上有硬币的人掷铜板。如果掷出正面的话，硬币便属于掷铜板的人，而欠的金额也就等于还清。如果掷出反面的话，他欠的金额则会加倍，接着从步骤一重新开始。

我们现在要证明这是个公平的方法。公平的意思是指，平均说来 B 会从 A 身上得到 x 欧元。而情况也是如此。

我们的证明过程建立于灵感之上，x 写成二进制数。算式看起来便会是下面这个样子：$x = x_1 2^{-1} + x_2 2^{-2} + x_3 2^{-3} + \cdots$，所有的 x_i 不是 0 就是 1。在第 n 次投掷时，如果之前都掷出反面，而第 n 次的结果为正面，便会决定结果。这个简单事件的概率为 $(1/2)^n$。

现在再来研究让 B 在第 n 次投掷之前手上拥有硬币的条件。二进制的表示法在这里十分有用。二进制表示法可以清楚呈现出欠债加倍和硬币转让的情况。x 加倍，相当于把二进制展开式 $0.x_1 x_2 x_3 \cdots$ 往左移一个单位，变成 $0.x_2 x_3 x_4 \cdots$，这是因为：

$$2x = 2\left(x_1 \cdot 2^{-1} + x_2 \cdot 2^{-2} + x_3 \cdot 2^{-3} + \cdots\right) = x_1 + x_2 \cdot 2^{-1} + x_3 \cdot 2^{-2} + \cdots$$

$$\text{且 } x_1 = 0$$

如果将每个数字 x_i 以相对的数 $1-x_i$ 代替，便可以表示出硬币转手，或是积欠金额从 x 落在〔1/2，1〕区间变成 $1-x$ 落在〔0，1/2〕区间的情况。原因在于下面的算式：

$$1 \cdot x = 1 \cdot 2^{-1} + 1 \cdot 2^{-2} + 1 \cdot 2^{-3} + \cdots - x_1 \cdot 2^{-1} - x_2 \cdot 2^{-2} - x_3 \cdot 2^{-3} - \cdots$$

$$= (1-x_1) \cdot 2^{-1} + (1-x_2) \cdot 2^{-2} + (1-x_3) \cdot 2^{-3} + \cdots$$

如果在第（$n-1$）次硬币投掷前，发生了偶数次的硬币交换，那么在第（$n-1$）次硬币投掷后，玩家 A 会拥有硬币，而若 $x_n = 1$，并且只有在 $x_n = 1$ 的情况下，B 才会在第 n 次硬币投掷前拥有硬币。

如果第（$n-1$）次投掷硬币前，硬币交换的次数为奇数，那么在第（$n-1$）次投掷硬币后，则会是玩家 B 拥有硬币，而如果欠债金额最开始的二进制数 $1-x_n$ 等于 0 的话，也就是如果 $x_n = 1$ 的话，在第 n 次投掷硬币后硬币还是会保留在他的手中。这两种情况都符合以下这个总结：如果到目前为止投掷硬币的结果皆为反面，且 $x_n = 1$，B 在第 n 次投掷硬币前会拥有硬币。

这是个十分宝贵的结果：第 n 次投掷硬币的结果对 B 有利的概率，会等于（1/2）^{n} 乘以 x_n。因此，有利于 B 的结果的概率就等于（1/2）$^1 x_1$+（1/2）$^2 x_2$+（1/2）$^3 x_3$+ $\cdots$ 这个和，正好是 x 的二进制表示，所以会等于 x。B 有（$1-x$）的概率全盘皆输，因此平均来说，B 得到的金额为 x。这就是我们希望证明的结果。二进制系统和其巧妙运用决定了结果。

这个方法有时候可以用在跟随机性或是概率无关的问题上，可以直接应用，或是适当地改变概率的观察，然后运用已知的概率性质，例如概率不可能为负，或是总和永远为 1。有个典型的例子是，下面这个关于二项式系数和 2 幂次的关系式，对于所有的自然数 n 都成立：

$$B(n, 0) + B(n, 1) + \cdots + B(n, n) = 2^n$$

这是个绝对正确的方程式。看起来和概率一点关系也没有。为了验证这个方程式，我们把幂次移到等号的另一边，写成：

$$B(n, 0) \cdot (1/2)^n + B(n, 1) \cdot (1/2)^n + \cdots$$
$$+ B(n, n) \cdot (1/2)^n = 1 \qquad (37)$$

稍微改写后带来的优点是，我们可以把左式的被加数当成概率值。接下来就可以考虑，被加数 $B(n, k) \cdot (1/2)^n$，或是更直觉地写成 $B(n, k) \cdot (1/2)^k \cdot (1/2)^{n-k}$，恰好就代表投掷 n 个铜板后掷出 k 个正面与 $n{-}k$ 个反面的概率。为什么会这样？

　　首先，掷出反面或是正面的概率均为 $1/2$。投掷 n 次铜板后出现的序列，例如前面 k 次都是正面朝上，$k+1$ 次之后到第 n 次都是反面，也就是像：

正、正、正、正、反、反、反、反、反、反

其概率值可用乘法规则来算：

$$(1/2) \cdot (1/2) \cdot (1/2) \cdot (1/2) \cdot (1/2) \cdot (1/2) \cdot (1/2) \cdot (1/2) \cdot (1/2) \cdot (1/2)$$
k 次 $(1/2)$ $\qquad\qquad\qquad\qquad\qquad$ $(n{-}k)$ 次 $(1/2)$

也就是 $(1/2)^n$。

　　接下来就是要看，由 k 个正面和 $n{-}k$ 个反面，会组合成多少种长

度为 n 的序列。就像我们刚刚看到的，所有的序列的概率都一样为 $(1/2)^n$。而可组合成的序列数量，等于从 n 个可能的位置选出 k 个给正面。这样就有 $B(n,k)$ 种选法，因为我们之前就是这样定义二项式系数。因此，在投掷 n 个铜板时，出现 k 次正面和（$n-k$）次反面的概率正好是 $B(n,k)\cdot(1/2)^n$。

乐透学。

　　玩 49 选 6 乐透的人，每张彩票有 $1:B(49,6)$ 的概率，也就 1：13 983 816 的概率六个数字全中。为了让我概率理论课上的学生了解这个概率到底有多小，我总是用下面的比喻：如果为了投注，走到彩券行需要 15 分钟，那么你在这段时间内因为发生意外而丧生的概率和选中 6 个数字的概率相同。或是（乐透玩家的困境）：如果你在开奖前一天去投注，你在开奖时死亡的概率比选中 6 个数字的概率还要高。

　　如此一来主要工作便已完成，剩下的任务就是做出充分的解释。（37）左式的总和，就等于丢掷铜板的概率和，根据我们熟悉的加法规则，这会等于丢 n 个铜板时出现 0 次、1 次、2 次到 n 次正面的概率。但这包含了所有的可能性，而且各个事件互不重叠，所以这些概率之和为 1，就证明了方程式（37）以及最初的假设。可能的话请为自己鼓掌。

　　我们的下一个计划是一种随机过程，通常称为概率方法。这个方法常用来证明存在性，尤其是在和随机影响一点关系都没有的情况下。

　　这个方法也具有极广泛的应用潜力。偶尔我们会遇到一种问题，是要建构出具有某些预期性质的特定函数、结构或是一般对象。然而得出明确的结构常常十分困难，甚至完全不可能，因为可能这种对象根本不存在。

为了相信这种对象真的存在，我们可以在脑海中引进一个随机元素。一个从宇宙中随机选出，拥有任意正概率值的对象，具备了所要求的性质，那么宇宙中一定有一个具备这些性质的对象。不然的话，选出此对象的概率就等于零。这是个简单的见解，但却拥有高评价独创性。

照这个方式，我们可以将概率考虑使用来证明对象是否存在。这也是个高雅的简单方法，常常带来短而优雅的证明，适用在一些其他方法完全失败或是产生一连串连锁推论的情况。

我们现在就来用分配问题，来展现此方法美丽精致的一面。

分配任务。假设 n 个任务要分给 n 个员工，每个员工分配到一项任务。每个任务需要的时间不相同，而员工处理任务的速度也不同。确切来说，员工 i 一共需要 $a_i \cdot b_j$ 的时间来处理任务 j，其中的 $a_1, \cdots, a_n$，$b_1, \cdots, b_n$ 为已知数。任务分配的方式有没有可能让处理时间不会超过 $n \cdot a^* \cdot b^*$？其中：

$$a^* = (a_1 + a_2 + \cdots + a_n) / n$$
$$b^* = (b_1 + b_2 + \cdots + b_n) / n$$

分别代表 a_i 和 b_i 的平均值。

我们该如何着手？每一种任务分派方式，都可以用一种排列来描述，而每一种排列又可以描述成函数，这种函数会把 1 到 n 的数字集合对应到自己，但两个不同的数字不会对应到同一个数字。像下面的安排

1	2	3	4	5
4	1	5	3	2

就是函数 f 的可能记法，呈现了数字 {1, 2, 3, 4, 5} 的排列，元素 1

分派给元素 4，元素 2 分派给元素 1 等等。我们知道，数字 1，2，⋯，n 一共有 $n!$ 种排法，用这个题目标语言来说，就是共有 $n!$ 种分配任务的方式。

现在，假设 f 是从所有排列的集合中随机挑选出来的一种排列，集合中 $n!$ 种排列的任何一种，概率均为 $1/n!$。而对应到 f 的所需总时间 $G(f)$ 为：

$$G(f) = a_{f(1)} \cdot b_1 + a_{f(2)} \cdot b_2 + \cdots$$

因为任务 j 在排列 f 中是分派给员工 $f(j)$，而他需要的处理时间为 $a_{f(j)} \cdot b_j$ 个单位时间。

那么平均处理时间 G 是多少？为了找出来，我们必须考虑 $n!$ 种排列 f 的各种可能处理时间 $G(f)$，并乘上各自的概率值，在这个情况下均为 $1/n!$。我们以 $f_1, f_2, \cdots, f_{n!}$ 来代表各种可能的排列，就可得到：

$$
\begin{aligned}
G &= 1/n! \sum_i G(f_i) \\
&= 1/n! \sum_i \sum_k a_{fi(k)} \cdot b_k = 1/n! \sum_k \sum_i a_{fi(k)} \cdot b_k \\
&= 1/n! \sum_k b_k \sum_i a_{fi(k)} = 1/n! \sum_k b_k \sum_m a_m (n-1)! \\
&= 1/n \sum_k b_k \sum_m a_m \\
&= n \cdot a^* \cdot b^*
\end{aligned}
\tag{38}
$$

第三行的第二步骤是因为这样得到的：对于任意 $k = 1, 2, \cdots, n$，刚好有 $(n-1)!$ 种排列 f^*，可把元素 k 分配给元素 m。对于所有排列而言，$a_{f*(k)}$ 就等于 a_m。

导出 (38) 关系式，就等于完成了主要的工作，距离终点只剩下最后一小步。以概率方法的哲学概念，我们想证明，随机分配任务给员工，在概率为正的情况下，所需的总工作时间不会超过 $n \cdot a^* \cdot b^*$。为了使用反证法这个思考工具，我们现在就假设，事件 $\{G(f) \leq n \cdot a^* \cdot b^*\}$ 的概率为零，其中 f 为随机选择的排列。那么，对于一个随机选择的排列 f，事件 $\{G(f) > n \cdot a^* \cdot b^*\}$ 的概率就会是 1，这表示一定会发生，而且是对于每种排列 f。但如果真是如此，总工作时间 G 必定大于 $n \cdot a^* \cdot b^*$，这与关系式（38）产生矛盾。因此，事件 $\{G(f) \leq n \cdot a^* \cdot b^*\}$ 的概率值为正数，而且存在一个排列 f^*，会满足：

$$a_{f*(1)} \cdot b_1 + a_{f*(2)} \cdot b_2 + \cdots + a_{f*(n)} \cdot b_n \leq n \cdot a^* \cdot b^*$$

我们的下一个，也是最后一个例子，是关于赛事结果的一个矛盾性质，可以用类似随机的想法来研究。

在一场锦标赛中（譬如网球锦标赛），有 n 位参赛者 $T_1, \cdots, T_n$，每个人都会与其他人各比赛一次。而网球比赛中没有平手这种结果。如果有 k 位选手的组别中有人打败了这 k 位选手，我们就把这种赛事结果称为 k 矛盾。举例来说，如果每位选手都被另一位选手打败过，就称为 1 矛盾。又譬如有 $n \geq 3$ 选手的比赛，$T_1 \rightarrow T_2 \rightarrow T_3 \rightarrow \cdots \rightarrow T_n \rightarrow T_1$ 显然是个 1 矛盾的比赛结果，其中 $T_i \rightarrow T_j$ 的写法表示 T_j 被 T_i 打败。这还算简单，但 2 矛盾的比赛结果就没那么容易建构出来。我们用有七位参赛者的赛事，来示范 2 矛盾比赛结果的例子。

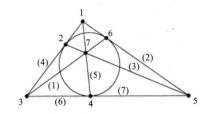

图 97　有七名选手参赛的 2 矛盾比赛结果

说明：每个点代表编号 1 到 7 号的选手。每条边线都编上号码

（1），（2），…，（7），符号（k）就代表选手 k 击败了与他相连的其他三位选手，例如选手 4 击败了选手 3、2、1，选手 7 击败了选手 4、6、2。

有个问题是，对于任意有 k 位参赛选手的赛事，是否一定会有 k 矛盾的比赛结果。答案必然与 n 有关。我们可以证明，对于具备下列性质的所有自然数 n

$$n^k \cdot (1-1/2^k)^{n-k}/k! < 1 \qquad\qquad (39)$$

都一定有 k 矛盾的比赛结果。

我们的挑战，是要证明上面这个陈述。为了一目了然地呈现结果，我们用节点来代表参赛选手，如果选手 T_i 打败 T_j，就在节点 i 与节点 j 之间画上联机（从 i 画箭头指向 j）。现在我们将随机性带进赛事中。我们随机决定连接节点的箭头方向，例如丢掷铜板来决定，这样我们便得到了集合 $T = \{T_1, \cdots, T_n\}$ 中的选手之间的随机比赛结果。对于集合 T 的每个固定、基数 $|K| = k$ 的子集 K，令 S 为没有击败子集 K 中所有节点的节点的事件。我们现在来看某个虽然在集合 T，但却不在子集 K 的 T_1。T_1 击败 K 集合里所有选手的概率是 $(1/2)^k$，而败给 K 里至少一位选手的概率是 $1-(1/2)^k$。因为有 n-k 位选手不在集合 K 中，所以由乘法规则，可以算出事件 S 的概率为：

$$P(S) = (1-1/2^k)^{n-k}$$

现在我们还要考虑，在拥有 n 个元素的集合 T 中，会有 $N = B(n, k)$ 个基数为 k 的子集。我们以 $S_1, \cdots, S_N$ 表示符合上述 S 的对应事件。这些事件的概率值均相同。于是：

P（比赛结果并非 k 矛盾）

$$= P\left(S_1 \cup S_2 \cup \cdots \cup S_N\right)$$

$$\leqslant P\left(S_1\right) + P\left(S_2\right) + \cdots + P\left(S_N\right)$$

$$= B\left(n, k\right) \cdot \left(1 - 1/2^k\right)^{n-k}$$

$$= n \cdot \left(n-1\right) \cdot \cdots \cdot \left(n-k+1\right) \cdot \left(1 - 1/2^k\right)^{n-k} / k!$$

$$< n^k \cdot \left(1 - 1/2^k\right)^{n-k} / k!$$

$$< 1$$

因此，互补事件（也就是比赛结果为 k 矛盾）的概率为正值。这让我们看清情况。概率为正值，表示 k 矛盾的比赛结果在（39）的条件下是可能发生的，也就是存在的。对于给定的 k 值，n 必须够大。对于 $k \geqslant 3$，必须是 $n > 4\,k^2 2^k$。

这便是我针对随机化原则这个主题想到的一些东西。

转换观点原则

解题时可以从目标往起点反向进行，然后再翻转思考方向吗？

赫伯特的热力学二又二分之一定律：
已经发生的事必定有可能存在。
主厨定理：可以从一个水族箱煮出一碗鱼汤，
但却不可能从一碗鱼汤变成一个水族箱。
如果钱用到月底还剩下好多，我到底该怎么办。

——涂鸦

乌鸦什么时候停靠火车？

——爱因斯坦

如果存在一个问题，大部分便很快地出现一个针对此问题的观点。这个一开始获得的角度可以洞悉问题，而洞悉问题可能变成解题方法。解题方法有可能可以带领我们找到解答，但也有可能维持它们本身的样子，也就是方法。如果从一个特定角度所能采用的解题方法都使用完了，这时换个角度观察问题，以便得到新的见解与解题机会，是十分明智的。这不仅适用于数学问题或量化的问题，也对所有种类的问题都有效。

有个吸引人的观点转换例子，是加拿大逻辑学家和赛局理论家拉普波特（Anatol Rapoport）所提出的化解冲突方法的核心元素。发生争端时，拉普波特不询问冲突双方本身立场的描绘，而是转换观点，鼓励其中一方 P 在另一方 Q 在场的情况下，描绘 Q 方的观点，而且尽可能准确、详细并令人信服，让 Q 方也认为此描述正确。接着相反过来，Q方的任务在于尽可能详细、让对方满意地描绘P方观点。这个所谓的拉普波特对话，常常能够化解造成双方冲突的郁积问题。

另一种转换观点的方式在于从解答出发，往起始点的方向工作，而非从起点开始往解答方向。这个以相反方向工作的原则，有时候也称为帕普斯（Pappos）原则，以一个已知的或是假设的问题解答开始，分析这个解以及从中产生的条件。不像许多从问题的实际状态出发，朝着解答，也就是目标状态前进的启发法，帕普斯原则工作的方向完全相反。用卡尔·瓦伦丁（Karl Valentin）的语言来表述："终点是另一端的开始。"由基于目标的想法开始，试着在实际状态与目标状态之间，由后面到前面打造桥梁。

但这也不是什么革命性的新玩意。在现实生活中常常出现采取倒退措施的情况。如果遇到交情不错的人，但他的反应却意外地冷酷，我们却不知道原因为何，那么显然我们会去回想过去的会面及对谈，看看是否有说过或做过什么事情，可以解释这位朋友当下的反应。

或者是像找不到钥匙的时候，我们可以回忆过去的情况，看看能不能想起自己把钥匙摆在哪里或是遗失在何处。

警察在调查意外事故的来龙去脉或是调查犯罪案件时，也会使用这种方法。

对于熟悉迷宫的人来说，原则上从出口倒退走到入口走出迷宫，要比直接从入口开始，寻找前往出口的路线来得简单。

一般而言，这个倒退进行的方法对于解题、最终或是目标状态明朗或容易求出，且往前进行会到死巷子，或是问题包含一连串可逆步骤时，都十分有用。

倒退工作方式经常使用到逻辑推理中的"肯定前件"：事实上，倒退工作的方式常常是从目标开始，猜测一个或数个陈述，而从中可推导出目标陈述。换句话说，我们试着从后面开始往前迈进，求出到达开始状态的中间阶段，例如一个较为前面的阶段逻辑上蕴涵了后面的中间阶段。照此方式，我们希望逻辑上能将问题开始和目标之间的整个区域，毫无漏缺地填满。为了说明，我们现在来看一些具有启发性，转换观察角度可以帮助解题的题目。

数学吧台或是红酒和时间

K 先生演奏一首酒杯乐曲。一开始，n 个够大的酒杯中有相同分量的红酒。利用一个步骤，你可以将一个酒杯中的红酒倒入任一个酒杯里，前提是倒出红酒的分量必须与另外那一杯里已装的红酒分量相同。n 的值要等于多少，你才能通过一连串的步骤，将所有的红酒倒进一个酒杯中？

为了处理这个问题，我们假设 n 为任意自然数，并且进一步假设，真的可以通过这个方法将所有红酒装进一个杯子里面。我们将所有红酒当成一个单位来看，并假设需要 m 个步骤就能到达目标状态，m 为自然数。我们现在从第 m 步后可达到的目标状态退一步回去，在脑海中想象第 $m{-}1$ 步后的情况。在第 $m{-}1$ 步之后，共有两个酒杯，里面分别有 1/2 个单位。一定是这么回事，这一点是明确的。我们把这个状态写成（1/2，1/2）的形式。照这个方式，第 $m{-}k$ 步之后的红酒分配就会是：

$$(x/2^a,\ y/2^b,\ \cdots,\ z/2^c)$$

为了得到前一步骤，也就是第（$m{-}k{-}1$）步之后的红酒分配，我们首先将酒杯以任意方式编上 1 到 n 号。假设我们在第 $m{-}k$ 步时将酒杯 2 的酒倒进酒杯 1，可能会出现两种情况：

· 酒杯 2 还有剩下红酒。这样在第（$m{-}k{-}1$）步之后可以得到以下的分配：

$$(x/2^{a+1},\ y/2^b + x/2^{a+1},\ \cdots,\ z/2^c)$$

·酒杯2空了。这样在第（m−k−1）步之后可以得到以下的分配：

$$(x/2^{a+1},\ x/2^{a+1},\ \cdots,\ z/2^{c})$$

因此，在两种情况下，分母都是 2^r 的形式。这个类型的分母十分特别，在第一步后，也就是从一开始红酒还平均分配在所有酒杯里时，便已存在了。因此 n 必定等于 2^r，且 $r = 1，2，3，\cdots$ 。这就是所求的答案：为了完成题目的要求，杯子的数量必定为 2 的幂次。

我们的第二个例子很有名，而且并不怎么简单。

三个男人，一只猴子，但有几颗椰子？

马丁·加德纳（Martin Gardner）曾开玩笑说，以下的椰子问题是最常被思考，也最常答错的谜题之一。这个问题有个特别的故事。1926 年 10 月 9 日出刊的美国双月刊《星期六晚间邮报》里面，有一篇由小说家威廉斯（Ben Ames Williams）写的短篇故事。题为《椰子》的这篇故事，叙述一个无论如何都要阻止竞争对手签下重要合约的建商。一个伶俐、知道竞争对手热爱数学谜题的员工帮助了他。员工出了一道数学题给竞争对手，让他专注到忘了合约截止日。以下是员工叙述的问题大概："三个男人和一只猴子因为船难，漂流到一座荒岛上，第一天忙着收集椰子当作粮食。之后他们便去睡觉。等所有人都睡着了，其中一个男人醒来并想着，既然明天早上所有椰子都被分配，便决定马上先留下自己的一份。他将椰子分成三等份。剩下来的一个椰子他分给猴子。接着他将三份的其中一份藏起来，将剩下的椰子堆成一堆。后来其他两人也依次醒来，以同样的方式进行，每次都将椰子分成三等份时都剩下最后由猴子获得的一颗椰子。

"第二天早上，剩下来的椰子被男人平分，再一次等分三份后，剩下一颗椰子给猴子。当然每个人都知道少了椰子，但是每个人都同样有罪，所以并没有人说什么。请问，一开始总共有几颗椰子？"

作者威廉斯并未在故事里透露解答，因此《星期六晚间邮报》的编辑部在故事发表后的第一个礼拜，就收到雪片般的读者来信，要求答案。当时的总编辑乔治·洛里默（George Lorimer），发了一份令人难忘的电报给威廉斯："真是活见鬼了，到底有几颗椰子？这里可是水深火热啊！"

直到 20 年后，威廉斯还会收到研究此问题的来信。

现在来看问题怎么解：令 n 是一开始的椰子数量，n_1、n_2、n_3 为三位遭受船难男士晚上藏起来的椰子数量。也就是说，第 i 人留下 $2n_i$ 颗椰子。然后，令 n_4 代表隔天早上三人在分配完椰子后所剩下的椰子数量。在坚持使用反向观点的情况下，我们可以写出包含了四个方程式的方程组：

$$3n_4 + 1 = 2n_3$$
$$3n_3 + 1 = 2n_2$$
$$3n_2 + 1 = 2n_1$$
$$3n_1 + 1 = n$$

雷·查尔斯 (Ray Charles) 的方程组：

上帝是爱。

爱是盲（目）的。

雷·查尔斯是盲的。

雷·查尔斯是上帝。

—— 卡斯特罗普 – 劳克塞尔（Castrop—Rauxel）

公园长椅上的涂鸦

从这些方程式，可以推导出最后每人剩下的椰子数量，也就是 n_4

以及椰子总数 n 之间的关系。为此，我们将方程式稍加变化，写成：

$$3(n_4+1) = 2(n_3+1)$$
$$3(n_3+1) = 2(n_2+1)$$
$$3(n_2+1) = 2(n_1+1)$$
$$3(n_1+1) = n + 2$$

或是：

$$(3/2)\cdot(n_4+1) = n_3+1$$
$$(3/2)\cdot(n_3+1) = n_2+1$$
$$(3/2)\cdot(n_2+1) = n_1+1$$
$$3\cdot(n_1+1) = n + 2$$

由此可马上得出：

$$n + 2 = 3(n_1+1) = 3\cdot(3/2)\cdot(n_2+1) = 3\cdot(3/2)\cdot(3/2)\cdot(n_3+1)$$
$$= 3\cdot(3/2)\cdot(3/2)\cdot(3/2)\cdot(n_4+1) = 3^4/2^3\cdot(n_4+1) \qquad (40)$$

我们可以从这里开始着手。现在还需要考虑的，就只有整除这件事了。要记住 n 和 n_4 为正整数，而且在分母的 2^3 必须整除（n_4+1），因为方程式（40）的左边也是整数，且 3^4 和 2^3 没有公因子。关于整数的考虑就是这些；有了这些考虑，一切就很清楚，问题也可迎刃而解。如果 $2^3 = (n_4+1)$，便可得出最小的 n_4 以及最小的 n，也就是 $n_4 = 7$ 以及 $n = 3^4-2 = 79$。数字比这再大一点的解，则是让 $2\cdot2^3 = (n_4+1)$，这样就可得出 $n_4 = 15$，$n = 2\cdot3^4-2 = 160$。若 $k\cdot2^3 = (n_4+1)$，会得到一般解 $n_4 = k\cdot2^3-1$ 以及椰子总数 $n = k\cdot3^4-2$。

椰子问题及其变形，在许多文化中都流传很长一段时间。古代中国以及印度的文献里，就出现过一个相似的版本。早在公元前 100 年，中国文献里便已提及。甚至在公元前 500 年，就连《孙子兵法》的作者孙子也自问过，有没有哪个数字被 3，5，7 除之后会余 2，3，2。历史批注就点到为止，不再细述了。

最后要举的这个例子，可以展现转换观点原则如何把复杂的问题化成小问题。

团体照的数学

身高不同的 n 个人站成一排拍团体照。摄影师建议，基于美学考虑从左排到右，让每个人若不是比站在他左边的所有人高，就是比这些人矮。n 个人排成一排，总共有几种排法？

为了熟悉这个问题，我们先来看三个人的情况，为了简单起见，将他们取名为大、中、小。这么一来，共有四种排法符合摄影师的建议：大中小、小中大、中大小、中小大。

一般情况下又会如何呢？如果我们很规矩地直接解题，它就会像是个非常复杂的计数问题。但如果从后往前想，计数起来就变得出奇简单。在符合条件的排法中，站在最右边的人必须是所有 n 个人里最矮或最高的。而他左边的人，必须是其余的人当中最高或最矮的人。除了最左边的位置之外，每个位置都有两种站法。这么一来，总共有 2^{n-1} 种符合摄影师建议的排法。

模块化原则

解题时可以将问题分解成许多子问题，解决之后再将这些部分解合并成完整的解吗？

如果人事代表会只有一个人的话，
以性别分类的规定便无效。

——黑森邦人事代表组织法

愚公移山。

——中国谚语

    模块化原则的基础为"分而治之"这个中心思想。这句名言可回溯到恺撒大帝，"分而治之"的策略随着他所征服的帝国得到验证。恺撒善用高卢分裂成众多部族的情况，且不同部族之间意见不合，导致他们无法结为一体对抗罗马军队。罗马军队面临的不是一支高卢大军，而是一个个较小、较简单的子问题：对抗个别的高卢部族。

    "分而治之"是针对超级复杂问题的普适方法哲学。对于整体看来无法轻易解决的问题，我们可以换个方向思考，将它们分解成较小、较简单、尽可能互相独立的子问题，单独击破，然后再将子问题的解组合成完整的解。换句话说，就是要尽可能将问题打碎到原子结构，再把各个组件的部分解，重组成总体的解。如果子问题还是太复杂的话，可以再度运用这个过程（递归原理！），直到遇到能解的子问题，最后像拼图般把子问题的解组合成为原问题的解。

    像这样把问题分解成各个模块，最后再把所有的部分解重组起来，是计算器科学最重要的启发式方法之一。

子问题在一般情况下会越变越简单。但在复杂的分解策略时，就需要仔细管理子问题及其解的阶层。

这就好比我们要替一本含有章节、子章节、段落和子段落等结构的厚书，做出目录。

模块化算法的典型例子，就是二元搜寻。假设 A 从 1 到 16 任意选出一个整数，而 B 要借着问问题来猜是哪个数字，所以 A 必须老实回答。有个天真的策略称为线性搜寻，由以下的问题开始：

是 1 吗？不是！
是 2 吗？不是！
是 3 吗？不是！
以此类推。

照这种方式进行下去，平均起来需要问 8 个问题才能猜到，幸运的话可能比较快就可以猜中，倒霉的话则需要问更多问题。

比较聪明的策略是将可能的答案集合切一半。第一个问题可以这么问：

这个数大于 8 吗？
如果是，下一个问题也许能问：
这个数大于 12 吗？
如果第一个问题的答案为否，就可以改问：
这个数大于 4 吗？

照这样继续问下去。从下面这个一目了然的搜索树可以发现，最多只需要 4 个问题就可以找到正确的数字。

図 98 二元搜寻树

现在我们就用两个题目来结束这一章，这两道题目可说是充分发挥了模块化原则。

国际象棋骑士

棋盘上最多能放几个无法互吃的骑士？

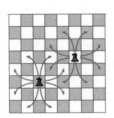

图 99 两个无法互吃的骑士

如果我们在所有的黑格上各摆一个骑士，任两个都无法互吃，因为骑士只能吃所在棋格的另一个颜色，在此情况下就是白格。这样一来，我们便有了 32 个无法互吃的骑士，而且可以说，按题意所找的骑士数量最少为 32。

现在我们要用第二步，证明 32 这个数量没有办法被超过。这可以用简单的模块化策略来求解。我们将棋盘分成 8 个 2×4 大小的长方形：

摆在此长方形任意一格的骑士，只能吃掉其中一格上的棋子并占据这个位置。

因此在这个长方形中，最多可以摆上 4 个无法互吃的骑士。

因为棋盘上一共有 8 个这样的长方形，所以 4×8=32 便是满足题目条件，最多可同时摆在棋盘上，但却无法互吃的骑士数量。

硬币和序列

平均要丢几次硬币，才可以刚好掷出奇数次正面，之后再掷出一次反面的序列（例如正反或是正正正反）？

在这里，模块化要用在连续掷铜板的层面上。我们将所有丢掷结果的集合，分成三个互不重叠的子集合。具体来说，我们就是在执行模块化原则，以便分别讨论以下三种情况：

a. 先掷出反面的结果。

b. 先掷出两次正面的结果。

c. 先掷出正面，紧接着掷出反面的结果。

只要连续丢硬币超过一次，结果一定是情况 a、b、c 的其中之一。假设 m 是要找的答案，也就是要掷出正反、正正正反、正正正正正反等任一序列的平均投掷次数。如果我们先丢出一个反面（情况 a），对丢掷序列一点帮助也没有，仍旧需要平均再丢掷 *m* 次硬币，才能完成目标；如果连续丢出两次正面（情况 b），也是同样的情况。如果是情况 c，就已经完成目标了。知道这件事是我们的力量。再简单加上概率的考虑，就可以写出这个方程式：

$$m=1/2 \cdot (1+m) +1/4 \cdot (2+m) +1/4 \cdot 2$$

加权数 1/2、1/4 和 1/4 分别是"先丢出反面""先丢出两次正面"和"先丢出正面再丢出反面"的概率。这个方程式唯一的解为 $m=6$。

通过模块化原则，迅速地找出解答。很高兴看到问题在反掌之间轻松解决。

蛮力原则（穷举法）

我可以通过试遍所有可能的解法来解题吗？

把人从水坝上丢下去，并不是解散集会的恰当方法。

——出自奥地利法学期刊

身力有限，智慧无穷。

——成吉思汗，蒙古统帅（约 1155[①]—1227）

　　早在《印度爱经》里就提到了书信加密的技艺；它属于女人应该熟悉，并且练习的 64 种技艺之一。在爱情和战争时期，这种技术是必不可少的。在战争方面：第二次世界大战期间，德军为了进行保密通信，打造了著名的、当时视为万无一失的恩格玛（Enigma）密码机。这台机器既可加密也可解密。恩格玛机外表和打字机十分相似。

　　在密码机的内部有三个旋转盘，和一个上面有许多插孔的接线板。为了解读总司令的密文信息，每个部队单位都有一台恩格玛机。使用恩格玛机时，需要一组钥匙。钥匙指的是一组字母排列，可确定机器中编码旋转盘和插孔该如何调整位置，才能正确加密或是破解信息。基于安全考虑，

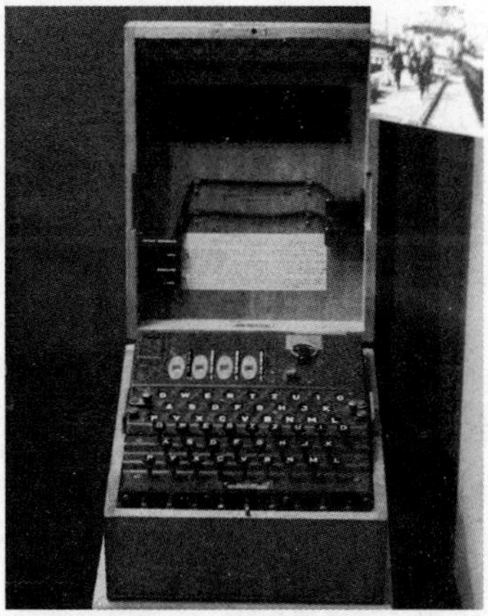

---

① 《辞海》认定成吉思汗生年为 1162 年。——编注

图 100　"恩格玛"密码机

军方每天都会更换钥匙。

原则上，使用钥匙的每种编码方法，都可以通过一个个尝试所有可能的钥匙来破解。这是蛮力法的最佳例子，这种方法的基本精神就是要试遍所有可能的解法（即穷举法）。

恩格玛机的钥匙空间（也就是所有可能钥匙的总数）极大。我们可以从恩格玛机的运作原理，求出钥匙究竟有多少种。原则上，每个钥匙都会将明文的字母 k_i 译成密文字母 g_i。套用数学的语言，意思就是字母 $A\,B\,C\,D\cdots Z$ 的一种排列。

当时波兰情报局成功取得了一台恩格玛机。他们重建了密码机，并且分析了每一个操作细节。在这一基础上，波兰数学家雷耶夫斯基（Marian Rejewski）得以建构出所谓的恩格玛方程式，描述密码机上出现的字母交换逻辑（即排列）。这个方程式在之后也成为破解恩格玛机密码的关键先决条件。如果我们用符号"。"代表先后做两个排列（$S_。T$ 表示先做排列 T，然后再做排列 S），那么恩格玛方程式就写成：

$$g_i=(\ T^{-1}_。\ S^{-1}_。\ U_。\ S_。\ T\ )(\,k_i\,)$$

这个方程式说明了明文字母 k_i 和对应密文字母 g_i 之间的关系，这完全取决于恩格玛机里执行字母交换的加密元素。加密元素包括：接线板产生的固定排列 T，从三个旋转盘产生的排列 S，以及由固定反射器产生的排列 U。通过机器的电流在流经反射器后，会反方向再通过旋转盘一次，最后再经过接线板。这就是恩格玛方程式里的两个逆排列 S^{-1} 和 T^{-1} 的由来。

使用恩格玛机来加密时，方法就是在恩格玛机的键盘上按下一个字母，这时显示灯板上的一个灯会亮起，显示对应的密文字母。按下的字母和显示的字母之间的对应关系，要看密码机的设定：具体来说，就是哪个旋转盘如何排列，旋转盘以及旋转盘外表环的相对位置，还有字母在接线板上如何相互连接。以下是当代历史中对密码机操作方法的描述：“每一个以罗马数字 Ⅰ、Ⅱ、Ⅲ、Ⅳ 和 Ⅴ 标记的旋转盘，都有一个内部的配线方式，分别负责 26 个字母的排列。其中三个旋转盘以特定顺序相互连接，装置在密码机最上方，位于定子和反射器中间。定子和反射器为两个固定的部分，不像固定在它们之间的旋转盘，每按一次按键便旋转一次。运作方式就像里程器一样。右边的旋转盘每按一次按键便走一步，而中间的旋转盘只有在右边旋转盘走完一圈后才走一步。也就是说，在旋转盘最外圈的凹槽在某个地方触动相对的机械部位时，才会旋转。此外，每个旋转盘外圈上印有字母或数字，也能够与旋转盘做出相对的旋转。”[①]

恩格玛机由一组旋转盘组成，包括五个可旋转的转盘，从中选出三个排在左边、中间和右边，两个是静态的反射器（A 和 B），而其中一个用来编码。五个旋转盘都可以装在左边，其余四个可以放到中间，而最后剩下的三个可装到右边。这么一来，就有 5×4×3 = 60 种选择与排列旋转盘的可能方法。至于反射器的选法，当然只有 2 个。因此，总共有 60×2 = 120 种旋转盘的装置方法。但这只是开始。

可转动的旋转盘在外圈有个金属环，决定旋转盘内部配线与转移给下个旋转盘字母之间的移动。每个字母环有 26 种位置，在 3 个旋转盘上一共有 26×26×26 种不同的字母环位置。要记住的是，左边转盘上的字母环位置，不影响编码，它的转接凹槽不会影响到更左边旋转盘的转动，因为它的左边并没有其他旋转盘。所以字母环位置真正的复杂度为 26×26 = 676 种位置。在它们配线后，3 个旋转盘的每一个都可以转到 26 种基本位置的其中一种。所以，密码机里旋转盘的可能位置共有 26×26×26 = 17 576 种。

以数学的角度看来，接线板也是一种排列。它在整个编码过程中保持不变。接线板的作用是将一对字母用线互相链接，交换其位置，

---

① 见 Seeger, Th. (2002): Wie die Enigma während des Zweiten Weltkrieges geknackt wurde。这是 2002 年 6 月 5 日在帕德博恩（Paderborn）大学专题演讲的讲稿。

如果字母之间没有线路，位置便不会交换。标准的恩格玛机可以链接10对字母。接线板使编码的复杂度扩大了多少，有多少可能的字母由此产生？第一对接线一共有26个字母可选择，它需要选出两个不同的字母相互链接。以二项式系数来表示，第一条接线一共有 $B(26, 2)$ 种连接法。第二条接线还有24个字母可选，也是选出2个，也就是有 $B(24, 2)$ 种方法。因此，10条接线一共有

$$B(26, 2) \cdot B(24, 2) \cdot \cdots \cdot B(8, 2) / 10! = 26! / (2^{10} \cdot 10! \cdot 6!)$$
$$= 150\ 738\ 274\ 937\ 250$$

种连接方式。

按了键盘上的一个键，也就是按了明文中要被加密的字母之后，电流便会经过接线板，到可替换的旋转盘上。电流抵达反射器后会被送回，再经过可替换的旋转盘，重新回到接线板上。最后显示灯板上的一个灯泡亮起。亮起的灯泡会显示一个字母 g_i，这就是明文字母 k_i 的编码。

图 101 为旋转盘和接线板在替字母编码时的示意图。

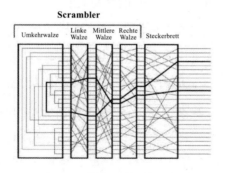

Scrambler

| Umkehrwalze | Linke Walze | Mittlere Walze | Rechte Walze | Steckerbrett |

图 101　恩格玛机中的字母编码

每天按照特定系统来改变的钥匙，会在编码前从密码本中取得。密码本会有以下信息：

日	反射器	旋转盘位置	字母环位置	接线方式
5	A	II III V	7 18 06	AH BL CX DI ER
				FK GU NP OQ TY

这是当月第五天的例子。这一天必须选反射器 A。从可替换的旋转盘中，旋转盘 II 在最左边作为较慢的转子，旋转盘 III 在中间，旋转盘 V 则在右边作为较快的转子。3 个旋转盘上的字母环，从左到右的位置则是 7、18 和 6。此外，字母 A 和 H、B 和 L 等一直到 T 和 Y，必须以接线相互连接。剩下的 6 个字母则没有与其他字母相连。

恩格玛机在密码学上有其优缺点。它的优点主要来自可旋转的旋转盘组。旋转盘的旋转让要加密的每个字母重新用新的字母编码，这称为多码加密法。以这个方法，传统加密法中容易透露出密码的字母频率，就变得无法辨认，而让传统的破解方法，像是精密的统计资料分析，也徒劳无功。

恩格玛机还有一个长处是钥匙空间的大小。它的可能范围，就等于之前算出的 120 种旋转盘位置，676 种字母环位置，17 576 种基本位置和 150 738 274 937 250 种接线法，全部相乘之后的结果：

$$120 \times 676 \times 17\,576 \times 150\,738\,274\,937\,250 =$$
$$214\,917\,374\,654\,501\,238\,720\,000$$

这大约等于 2×10^{23}，也就是 2 000 垓（垓 = 10^{20}），组合学里的宇宙。

解密专家的任务，就是要在这么多可能的钥匙中找出当天使用了哪个钥匙。原则上是有可能一个一个试，希望在可预见的未来找到正确的钥匙。但如果这是解密人员的策略，那他的成功机会渺茫。如果每秒可以成功检查一组钥匙（别忘记当时是人工智能的原始时代），靠这种蛮力法得花上 7 000 兆年，才能试完所有 2×10^{23} 种可能性。毫无希望可言。必须想出更好的办法。

1940 年夏天前后发生的事情

　　战争期间，英国在伦敦近郊的布莱切利园，设立了一个解密部门，任务是破解德军的通信。这个部门一度拥有超过 1 万名工作人员。其中之一便是天才数学家图灵（Alan Turing），他在战争爆发后离开剑桥大学的教职，投身解密的工作。图灵是专门解决疑难杂症的典型数学家，他的任务只是要替代号为 Ultra 的计划，建立一个对抗恩格玛机的前线。事实上，他最后终于成功破解恩格玛机，也让英国军方大约在 1940 年夏末成功使用"图灵炸弹"，一个电子机械，由图灵想出的解密机器，能够在之后的战事中几乎持续破解了恩格玛机。

图 102　图灵炸弹

　　"图灵炸弹"的根据，是他猜测到加密后的密文中可能会有某个字，解密专家把它称作对照文（crib）。基本概念是：基于恩格玛机的内部运作原理（即旋转盘配线和可能的相对位置），拦截到的密文和对照文之间的关联，有可能在特定条件以及相较于总钥匙空间来说相当少的钥匙数量之下是吻合的；关于恩格玛机的内部运作原理，是得自早先波兰解密人员的研究成果，并且已写成恩格玛方程式。

虽然恩格玛机长久以来被认为是极具保密性的机器，但经过仔细研究编码上的弱点，图灵在 1940 年上半年成功破解恩格玛机。根据这些想法而建立的第一台图灵炸弹原型，在 1940 年 5 月 14 日送到布莱切利园。但它的解密速度比预期慢了许多。所以在这之后便如火如荼地开始技术方面的改良。1940 年 8 月 8 日，一个全新、改良后的版本送到了。这个版本能够在大约一小时后解出德军当天使用的钥匙。

英国军方靠着"图灵炸弹"，取得了对于军事战术领域极为重要的信息。而成功破解密码，也顺利渗透德国几乎所有阶层的通信，包括从外交、情报单位、警方到党卫军。特别是能够得到德国统治阶层计划的珍贵信息。德军领导阶层认为恩格玛机滴水不漏，因此盟军认为，比起经由侦察、间谍活动及叛国而取得的情报，破解恩格玛机所获得的情报更加真实。

就其中一个例子来说吧。在 1940 年，英国皇家空军派出最后剩下的军队，希望能打赢"不列颠空战"。战争前破译了德军的无线电信息，尤其是德国空军详细的攻击计划和队形，是极宝贵和重要的关键。如果没有这些情报，英国这场空战可能会吃上败仗，而希特勒德国入侵英国的"海狮计划"，极有可能获得成功，战争也就因为希特勒的胜利而提早结束。因为在这个时候，美国和苏联尚未加入战争。

再补充一下这个解密任务的数量，以及它的意义有多么重大：光是在 1943 年，平均每天就有超过 2 500 则、每个月总共超过 80 000 条德方信息被破解。

成功破解恩格玛机，为盟军取得非凡的战略优势，正是盟军最高统帅艾森豪威尔将军所称的胜利"关键"。就连英国首相丘吉尔也发表过类似的言论:"赢得战争都是 Ultra 的功劳。"

图灵是如何成功破解恩格玛机密码的呢?

一个突破性的见解,在于把接线板和旋转盘的布局分开来看,将整个解密问题以这种方式拆成两个子问题(分而治之!)。相对而言数量较少的旋转盘布局法(120×17 576 = 2 109 120),可以和接线板的配置(共有 150 738 274 937 250 种)分开处理,大大减少搜寻过程的复杂度。大小为 2 109 120 的钥匙空间,已经小到可以通过机械的帮助,使用蛮力法一个一个尝试。

究竟恩格玛机的编码弱点在哪里?其中一点是,我们立刻可发现恩格玛机会自我互换,意思就是,如果在某个位置将 X 译成 U,那么也会在同个位置将 U 译成 X。如果将两个部分分开来看,这一点也可以在接线板上观察到。稍微思考一下,也可以发现另外一件事:因为反射器的缘故,没有一个字母会译成它自己。图灵的破解方法就在利用这些弱点,再加上巧妙应用可能出现的对照文。就这样,图灵发现德军每天早上 6 点过后会定期发送气象报告。在这段时间拦截到的无线电信息,含有天气 Wetter 这个字的概率非常高,大部分是以 WETTERNULLSECHS(天气零六)这个形式出现。

图灵还发现,对照文可以用来准确找出把对照文加密的恩格玛机钥匙。因此,如果解密人员眼前有加密的文字,那么他就可以利用恩格玛机的特点,轻易找出哪些位置找不到对照文(转换观点原则)。这便是突破点。

所以,只需要检查对照文所有可能出现的地方,有没有哪个字母译成它自己,这正是恩格玛机不可能有的设定方式。将对照文写在密文的不同位置,检查是否有至少一个位置出现上面提到字母相同的情况。我们就以 OBERKOMMANDODERWEHRMACHT 这个字母串为例。

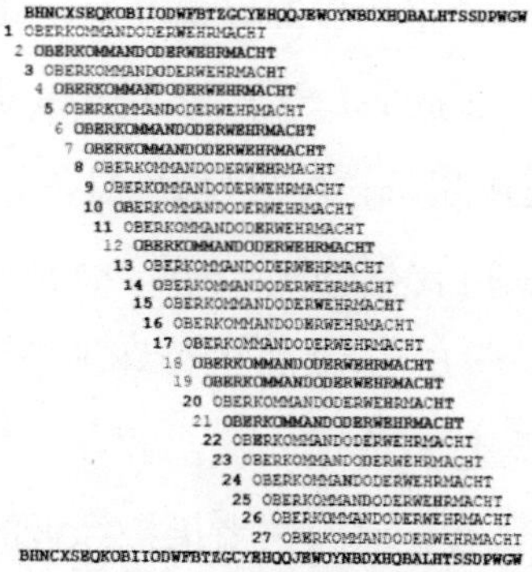

图 103　对照文的应用方法

　　字母的冲突，也就是排列中的每个不动点，都可以通过反证法来确定对应设定不可能是钥匙。

　　为了示范如何使用解密的对照文，我们用戈登·魏奇曼（Gordon Welchman）在《六号屋的故事：破解恩格玛机密码》书中所举的例子来讨论。书中使用的对照文为 TOTHEPRESIDENTOFTHEUNITEDSTATES（致美国总统）。

加密后的文字则是： CQNZPVLILPEUIKTEDCGLOVWVGTUFLNZ。

第一步，将字母分别写成上下两排：

1	2	3	4	5	6	7	8	9	10	11	12	13	14	15	16
T	O	T	H	E	P	R	E	S	I	D	E	N	T	O	F
C	Q	N	Z	P	V	L	I	L	P	E	U	I	K	T	E

17	18	19	20	21	22	23	24	25	26	27	28	29	30	31
T	H	E	U	N	I	T	E	D	S	T	A	T	E	S
D	C	G	L	O	V	W	V	G	T	U	F	L	N	Z

我们现在要找出循环——经过许多加密步骤之后会对应到它自己。上面的列表中，可以找到的循环包括：在位置 10 "I" 编码成 "P"，在位置 6 "P" 编成 "V"，最后在位置 22 的 "V" 再度对应到 "I"。通

过这一步，我们利用了恩格玛机的自我互换，"I" 编成 "V"，但 "V" 必定又会对应到 "I"。这就是 I → P → V → I 循环。于是，把三个如此设定的恩格玛机连接起来，就可以让 "I" 编成它自己。其他的循环，像是位置 3、21、15 出现的 T → N → O → T，还有位置 5、10、8 出现的 E → P → I → E。这类型的循环正是 "图灵解码炸弹" 运作的关键，而且这种循环越多越好。

第一次的观察中，我们是在未考虑接线板的情况下，研究恩格玛机的解密，而在前面我们已经知道，无论字母环的设定为何，接线板都会将 10 对字母交换（模块化原则）。

为此，我们回过头看位置 10、6 和 22 上的第一个循环 I → P → V → I。我们想找出哪五个旋转盘在哪种起始位置会造成上面情况。我们使用三个编码机（一组三个的恩格玛机旋转盘），从循环的位置推演出起始位置。我们为第一个编码机选出任一起始位置，把其输出端链接到下一台编码机的输入端，而这台的起始位置比起第一台编码机，刚好早四个步骤。第二台编码机的输出则和第三台相连，第三台编码机比第一台提早十二个步骤。这就是三个前后相连的恩格玛机编码。它仅仅表示：如果找到正确的旋转盘，且其开始设定正确，那么电流在流经第一台编码机输入为 "I" 后，通过三台前后相连的编码机电路后，也会从 "I" 的位置离开。如果我们输入 "I" 后却得到别的字母，就和对照文不符，这时我们就必须尝试下一个旋转盘的设定位置，重复上述步骤。

按照上述方式，可以尝试旋转盘所有 26·26·26 种可能的位置，检查 "I" 经过三个编码机时以何种方式编码。如果加密结果为 I，那么就找到了一种可能的旋转盘位置。对于单独一个循环，通常会有超过一种符合条件的旋转盘设定，因此在实际操作时，会从对照文中找出多个循环，将它们输进图灵炸弹中。

上述的讨论情形都没有把接线板列入考虑。如果恩格玛机没有接线板的话，那么我们刚刚的行动便已经破解它了。那么接线板对于情况又有什么影响？我们必须在分析中考虑到，输入的"I"在经过旋转盘之前和之后，都会经过接线板。我们先假设字母 I 连接到字母 Z。这表示什么？我们之前的三个编码机，仅仿真出恩格玛机旋转盘的编码。因此，我们必须在第一个编码机上输入"Z"，因为接线板会将"I"和"Z"互换。这表示字母"Z"抵达了旋转盘。旋转盘加密后，我们又得到一个"Z"，接线板再将它变成"I"。

可以看到，我们必须从中辨认出旋转盘正确的设定，因为它必须得出输入时相同的字母。

这项发现要如何应用在接线板上呢？我们制造一个反馈，将每个通过三个编码机加密后得到的字母再次输入编码机。假设我们处理三个以字母"Z"开始的循环。正确设定好旋转盘位置，并把"I"与"Z"相互连接之后，我们必定会得到字母"Z"。如果旋转盘位置设定错误，则会得到三个不同的字母。我们将三个字母再次输入编码机，并得到其他的字母。将这个动作重复到输出的字母均相同。这就是旋转盘位置设定错误时的情况。

如果旋转盘位置的设定正确，会发生什么事？三个编码机会将输入的"Z"再次以"Z"输出。相反地，这表示三个编码机输入"Z"时只会出现"Z"，输入其他字母则会出现其他的结果。如果我们输入"A"，从以上的模式继续将编码机输出的字母继续输入，可能会获得所有其他字母，但"Z"却不会在结果当中。这是决定性的一步。

我们现在只需注意两种情况。使用这个反馈循环时，若不是只获得一个字母，就是获得这个字母以外的所有字母。两种情况下，输入的字母便是"I"的接线伙伴。

怪才图灵

这就是图灵思考的中心点。就是这些想法破解了恩格玛机的密码。这只是图灵精通领域中的一个例子。

这些想法至少也是共同决定了二次世界大战结果的元素之一，一个让时间分成"之前"和"之后"的重大事件。稍微夸张一点的话，还可以说是图灵这位数学家决定了二次大战的结果。好好记住这个故事，有机会的话在聊天时当作话题：在聚餐时，或是鸡尾酒派对上当作寒暄的开场白。

最纯粹的蛮力法，就是在通过尝试所有想象得到的可能方法来解题。严格说来，这比较像是自我防卫，而非构思，更不是什么思考力的展现。恩格玛机很容易就能击垮只会这个方法的解密人员。通过排列法的巧妙应用，极度缩小钥匙空间，才是成功关键。

我们现在再来举一个使用蛮力法的例子，例子中也运用一些想法，大大缩减解的空间。

终极换钱法

要把一欧元硬币找开，共有几种方法？

在我们处理这个问题之前，你也可以先猜猜看一共有多少种可能！

单纯的蛮力法是将集合 $\{1, 2, 5, 10, 20, 50\}$ 中的数字当成被加数使用，列出可以相加成 100（1 欧元等于 100 分）的所有可能性。譬如像是：

$$
\begin{aligned}
100 &= 50 + 50 \\
&= 50 + 20 + 20 + 10 \\
&= 50 + 20 + 10 + 10 + 10
\end{aligned}
$$

原则上，当然可以使用这种办法，但是得花上很长的时间，同时也无法展现证明的技巧。我们试着引进一个能够简化问题以及所需时间的想法。为了简单地写出这个想法，我们要引进一个新的概念。我们说：一个自然数 n 用集合 $R = \{a, b, c, \cdots\}$ 中选出的被加数所做的分割，就是写成如下的相加分解式：

$$n = a \cdot c_a + b \cdot c_b + \cdots$$

系数 c_a，c_b，$\cdots$ 均为自然数（包括零）。我们用符号 $P_R(n)$ 来代表自然数 n 的这种分割的个数。

套用这种术语来说，我们的问题的解可以暂定为 $P_R(100)$，而 $R = \{1, 2, 5, 10, 20, 50\}$。为了明确得出这些数值，我们考虑到以下方法：在 100 这个数的分解中，从集合 $R^* = \{10, 20, 50\}$ 选出的被加数全都是 10 的倍数。这样我们就有了第一步简化：

$$P_R(100) = \Sigma \ \mid \{ \text{从 } R^* \text{ 中的被加数相加得到 } 10k \text{ 的 } 100 \text{ 之分割} \} \mid$$

在此以及在之后，会求出 $k = 0$ 到 $k = 10$ 的总和，就像 $\mid A \mid$ 表示集合 A 的元素个数，也就是基数。就算跟着这条思考路线，我们还是会遇到强大的阻碍，必须依赖别的点子，好比写成别的形式：

$$P_R(100) = \Sigma \ P_{\{1, 2, 5\}}(100 - 10k) \cdot P_{\{1, 2, 5\}}(k) \qquad (41)$$

这个变形背后的逻辑，通常无法一眼就看出来。方程式（41）根据的基本想法是，从集合 $R^* = \{10, 20, 50\}$ 选出的被加数相加成 $10k$ 这个数的分割，和从 $R' = \{1, 2, 5\}$ 选出的被加数相加出 k 这个数的分割，两者的数量一样多。这是我们必须考虑的想法。式子中的

乘数 $P_{\{1, 2, 5\}}(k) = P_{\{10, 20, 50\}}(10k)$，是指来自集合 R^* 的被加数，而 $P_{\{1, 2, 5\}}(100{-}10k)$ 则指来自集合 R' 的被加数。

开始的工作已经完成。方程式（41）呈现了我们所寻找的简化。里面蕴含的知识减轻了我们的工作负担，因为现在只需要找出 $a_n = P_{\{1, 2, 5\}}(n)$ 这个数。为此，我们再引进 $b_n = P_{\{1, 2\}}(n)$ 这个数，并写出 $n = 5m + i$，其中的 i 来自集合 $\{0, 1, 2, 3, 4\}$。a_n 和 b_n 之间存在以下的简单关系：

$$a_n = b_n + b_{n-5} + b_{n-10} + \cdots + b_{n-5m}$$

因为 n 分解成加式时，可以出现 m 个被加数 5。还要注意的是，$b_0 = 1$。

如此一来，现在要面对的是简化过的新问题：求出 b_i。最快的方法是：我们写下 $i = 2j + t$，而 t 的值不是 1 就是 0。这表示：$i{-}t$ 这个数是 2 的倍数。将 $2j$ 分解成集合 $\{1, 2\}$ 中的被加数，可以出现 0，1，2，$\cdots$ 最多到 j 次被加数 2。于是，显然可得：

$$b_i = j + 1 = (i{-}t)/2 + 1$$

如果 $t = 0$，这个方程式会等于 $i/2 + 1$，而如果 $t = 1$，则会等于 $i/2 + 1/2$。换句话说：

$$\text{对每个自然数 } i, \ b_i = \tfrac{1}{4}\big[2i + 3 + (-1)^i\big]$$

这样我们就可以顺利地继续做下去：

$$a_n = \sum b_{n-5k} = \tfrac{1}{4}\big[\sum(2n{-}10k + 3) + \sum(-1)^{n-5k}\big]$$

在这里及后面，加总都是从 $k = 0$ 加到 $k = m$。问题剩下的部分就势如破竹了。我们分别化简一下：

$$\Sigma\,(\,2n-10k + 3\,) = (\,2n + 3-5m\,)\,(\,m + 1\,)$$

以及：

$$\Sigma\,(\,-1\,)^{\,n-5k} = \Sigma\,(\,-1\,)^{\,n+k} = (\,-1\,)^{\,n}\,\Sigma\,(\,-1\,)^{\,k} = (\,-1\,)^{\,n}\,[\,\tfrac{1}{2}\,(\,1 + (\,-1\,)^{\,m}\,)$$

于是得到：

$$a_n = \tfrac{1}{4}\,[\,(\,2n + 3-5m\,)\,(\,m + 1\,) + \tfrac{1}{2}\,[\,(\,-1\,)^{\,n} + (\,-1\,)^{\,n+m}\,)\,]$$

令 a_0 为 1，前面的方程式（41）就会变成：

$$P_R\,(\,100\,) = a_{100} \cdot a_0 + a_{90} \cdot a_1 + a_{80} \cdot a_2 + a_{70} \cdot a_3 + a_{60} \cdot a_4 + a_{50} \cdot a_5 + a_{40} \cdot$$
$$a_6 + a_{30} \cdot a_7 + a_{20} \cdot a_8 + a_{10} \cdot a_9 + a_0 \cdot a_{10}$$

剩下的计算便可以不费工夫、毫不出错地做完：

$$PR\,(\,100\,) = 541{\times}1 + 442{\times}1 + 353{\times}2 + 274{\times}2 + 205{\times}3 + 146{\times}4 +$$
$$97{\times}5 + 58{\times}6 + 29{\times}7 + 10{\times}8 + 1{\times}10$$
$$= 4\,562$$

经过这番历经许多中途站的长途跋涉，我们可以确定：一欧元硬币可以用 4 562 种方式找开。谁想得到有这么多种可能呢？

　　以下是最后一个应用例子：

进阶掷骰子游戏

如果同时掷 6 颗骰子，可能掷出同一个点数，也有可能出现 2 到 6 种点数。现在假设，如果掷出刚好 4 种点数，我就赢了，出现其他结果时，我就输了。我赢的机会比输的机会大吗？

直觉上这看起来像是对我不利的游戏，让你可能想跟我赌上一把。毕竟如果掷出 1、2、3、5 或 6 种点数的话，我就输了。但在仓促下判断之前，我们先仔细分析一下这个游戏。

先从一个简单的事实来展开我们的分析。如果一次掷 6 颗骰子，便有 $6^6 = 46\,656$ 种结果。如果要采用蛮力法，就要将所有结果列出，然后根据输和赢的情况来分类。因为 46 656 种结果的概率都相同（对称原理！），这个问题可以化简到只计数赢的结果。现在可以开始：

图 104　掷 6 颗骰子时的两种可能结果

第一种情形显示 4 种点数，也就是我赢。第二种情形显示 5 种点数，也就是我输。以此类推。这个方法非常耗时间，一点也不愉快，而且不优雅。所以我们先尝试考虑缩小搜寻空间，再将蛮力计数过程应用在缩小后的搜寻空间上。为了达到这个目的，我们更仔细研究一下可赢得游戏的骰子模式。为了在掷 6 颗骰子时掷出 4 种点数，我们要不是掷出图 104 中已经出现的模式 aabbcd，就是要掷出 aaabcd 这个模式；不同的字母代表不同的点数。没有其他的胜利模式了。从这两种模式，可产生许多不同的变化。之后就可以用蛮力法列出所有可能结果，或是算出它们的总数。

从 aabbcd 模式，如果 c 永远在 d 之前，且考虑到 a 和 b 能够互换，那么用我们熟悉的二项式系数来表示，就一共有 B（6，2）·B（4，2）·1/2 = 45 种情形计数的情况有可能是：aabbcd、ababcd 或 acdabb，但不包括 bbaacd、babacd 以及 aabbdc。

至于另一个模式 aaabcd，则有 B（6，3）= 20 种情形，如果 b 在 c 之前，c 又在 d 之前。abaacd 或 abcada 都属于这种情况，但 aaacbd 不是。综合以上两种状况，可以得出一共有 45 + 20 = 65 种我会赢的模式。

现在我们还必须算出，将 a、b、c 和 d 换成骰子点数的方法有多少种。显然会有

$$6 \cdot 5 \cdot 4 \cdot 3 = 360$$

种可能的情形：a 有 6 种点数可选，a 确定了之后，b 就还有 5 种点数可选，因为 a 和 b 不能相同，其余类推。

因此最后可以得出，赢的情况一共有 360×65 = 23 400 种，这表示在其他 46 656–23 400 = 23 256 种情况下会输。令人惊讶的是，在这场感觉必输的游戏中，赢的概率竟然比输的概率要高，虽然只高出一点点。

也就是说，我赢的机会是 23 400/46 656 = 0.5 015。

相较于蛮力法，我们最后得到的论证相当简短。一点也没有长篇大论和缺乏美感的痕迹。总结：这场游戏我会赢的概率为 50.15%，即使仅仅多出那么一点点。这可是一开始谁也猜不到的结果呀。

终曲

思考比大家想得还简单。

——海因里希·施塔西（Heinrich Stasse）

以下出自卡尔·瓦伦丁（Karl Valentin）的名言可以当成结论：

"难易易难。"

版权合同登记号： 图字：30-2024-043 号

图书在版编目（CIP）数据

像数学家一样思考 / (德) 克里斯蒂安·黑塞
(Christian Hesse) 著；何秉桦，黄建纶译 . -- 海口：
海南出版社，2018.5（2024.9 重印）.
ISBN 978-7-5443-7973-1

Ⅰ . ①像… Ⅱ . ①克… ②何… ③黄… Ⅲ . ①数学 –
普及读物 Ⅳ . ① 01-49

中国版本图书馆 CIP 数据核字 (2018) 第 054491 号

像数学家一样思考
XIANG SHUXUEJIA YIYANG SIKAO

作　　者：［德］克里斯蒂安·黑塞
译　　者：何秉桦　黄建纶
责任编辑：张　雪
策划编辑：李继勇
责任印制：杨　程
印刷装订：河北盛世彩捷印刷有限公司
读者服务：唐雪飞
出版发行：海南出版社
总社地址：海口市金盘开发区建设三横路 2 号 邮编：570216
北京地址：北京市朝阳区黄厂路 3 号院 7 号楼 101 室
电　　话：0898-66812392　010-87336670
电子邮箱：hnbook@263.net
经　　销：全国新华书店经销
出版日期：2018 年 5 月第 1 版　2024 年 9 月第 8 次印刷
开　　本：787mm×1092mm　1/16
印　　张：18
字　　数：230 千
书　　号：ISBN 978-7-5443-7973-1
定　　价：42.00 元